福建省属公益类科研院所发展报告（2019）

◎ 池敏青　编 著

中国农业科学技术出版社

图书在版编目（CIP）数据

福建省属公益类科研院所发展报告. 2019 / 池敏青编著 .—北京：中国农业科学技术出版社，2020. 6

ISBN 978-7-5116-4737-5

Ⅰ. ①福…　Ⅱ. ①池…　Ⅲ. ①科研院所-科研管理-研究报告-福建-2019　Ⅳ. ①G322. 235. 7

中国版本图书馆 CIP 数据核字（2020）第 077915 号

责任编辑　李　雪　徐定娜

责任校对　李向荣

出 版 者　中国农业科学技术出版社

北京市中关村南大街 12 号　邮编：100081

电　　话　(010)82109707　82105169(编辑室)

(010)82106624(发行部)　(010)82109709(读者服务部)

传　　真　(010)82106650

网　　址　http://www.castp.cn

经 销 者　各地新华书店

印 刷 者　北京建宏印刷有限公司

开　　本　787 mm×1 092 mm　1/16

印　　张　8. 5

字　　数　220 千字

版　　次　2020 年 6 月第 1 版　2020 年 6 月第 1 次印刷

定　　价　36. 00 元

前　言

福建省属公益类科研院所是以向全社会提供公共技术和公益服务为主要任务的科研机构，是政府协调社会科技发展不可缺少的技术支撑，是社会科技公共物品的主要提供者，有着不可代替的社会价值。随着经济和社会的不断发展，公益类科研院所成为科技体制改革的重点对象之一。近年来，福建省属公益类科研院所科技体制改革稳步推进，科技队伍建设持续加强，科技创新和公益服务能力不断提高，为推进福建经济建设和社会发展提供了有力支撑。

2018 年，福建省科技系统紧紧围绕省委、省政府工作部署，强化“科技支撑发展，创新引领未来”宗旨意识，深入实施创新驱动发展战略，加快建立以市场为导向、以企业为主体、产学研紧密结合的技术创新体系，促进科技真正成为经济社会发展的内生动力。福建省属公益类科研院所认真贯彻全国、全省科技创新大会精神，以提高公共技术创新和公益服务能力为核心，坚持创新驱动、科学发展，依托项目带动、抓好科技攻关、构筑创新平台、促进成果转化，各项工作取得了显著成效。

为了及时、全面、客观地反映福建省属公益类科研院所科技创新和重要科研成果进展情况，形成福建省属公益类科研院所的宣传、交流窗口，树立科研院所品牌形象，组织编制了《福建省属公益类科研院所发展报告（2019）》，对 2018 年福建省属公益类科研院所的发展情况进行全方位、多角度的反映与分析。本报告力求做到结构合理、重点突出、内容翔实，为政府主管部门和社会各界全面了解福建省属公益类科研院所的发展情况和进行决策分析提供参考。

编著者

2019 年 12 月

目　录

1　发展概述

截至2018年，福建省共有37家省属公益类科研院所，分属于16家不同的上级主管部门，科研和技术服务涉及农业、林业、生物、海洋、医学、体育、劳保、计生、标准、测试、计量、信息、环保、水利水电等领域，是行业产业领域技术开发的基地和重要源泉，是区域创新体系的重要组成部分。

2002年8月，为进一步深化福建省科研机构管理体制改革，福建省科技厅等16个部门制定了《福建省深化省属科研机构管理体制改革的若干意见》，积极推进公益类科研机构明确改革定位和发展方向，该意见明确提出于2007年年底以前建立现代院所制度的改革方案。当时有40家省属科研机构主要从事应用基础研究或为社会提供公共服务，无法得到相应经济回报，确需政府支持，被划分为省属公益类科研院所，仍作为事业单位，按非营利性机构运行和管理。2009年，福建省计算中心撤消并入福建省知识产权局和福建省科学技术信息研究所。2011年，福建省亚热带植物研究所由福建省科技厅主管划归厦门市政府主管，不再列为福建省属公益类科研院所。2017年，福建省农业区划研究所撤消并入福建省农村工作研究中心。截至2018年，福建省共有37家省属公益类科研院所。

1.1　基本情况

1.1.1　主管部门

37家省属公益类科研院所分属于16家不同的上级主管部门，其中7家是省政府组成部门，4家是省政府直属机构，3家是省（部）属高等院校，1家为省属厅级事业单位，1家为设区市政府组成部门（表1-1）。

37家科研院所分布在5个地级市，其中福州市29家，厦门市3家，漳州市2家，宁德市 2 家，南平市 1 家。

表 1-1 福建省属公益类科研院所及其主管部门

主管部门	数量（家）	院所名称
福建省农业科学院	15	茶叶研究所、畜牧兽医研究所、果树研究所、农业工程技术研究所、农业经济与科技信息研究所、农业生态研究所、农业生物资源研究所、农业质量标准与检测技术研究所、生物技术研究所、食用菌研究所、水稻研究所、土壤肥料研究所、亚热带农业研究所、植物保护研究所、作物研究所
福建省科学技术厅	5	福建海洋研究所、福建省测试技术研究所、福建省科学技术信息研究所、福建省微生物研究所、福建省武夷山生物研究所
福建省卫生健康委员会	2	福建省计划生育科学技术研究所、福建省医学科学研究院
福建省海洋与渔业局	2	福建省淡水水产研究所、福建省水产研究所
福建省市场监督管理局	2	福建省标准化研究院、福建省计量科学研究院
福建省工业和信息化厅	1	福建省农业机械化研究所
福建省农业农村厅	1	福建省热带作物科学研究所
福建省生态环境厅	1	福建省环境科学研究院
福建省水利厅	1	福建省水利水电科学研究院
福建省应急管理厅	1	福建省安全生产科学研究院
福建省林业局	1	福建省林业科学研究院
福建省体育局	1	福建省体育科学研究所
厦门大学	1	抗癌研究中心
福建师范大学	1	地理研究所
福建中医药大学	1	福建省中医药研究院
宁德市海洋与渔业局	1	福建省闽东水产研究所

1.1.2 院所人员规模

2018 年，37 家省属公益类科研院所共有从业人员2 789人。其中从业人员在 200 人以上有 1 家，100~199 人有 7 家，70~99 人有 8 家，40~69 人有 14 家，39 人以下有 7 家（表 1-2）。

1.1.3 从事国民经济行业[①]

从事的国民经济行业属于科学研究和试验发展行业，可分为自然科学研究和试验发展

① 国民经济行业分类依据“国家标准《国民经济行业分类与代码》（GB/T 4754—2017）”。

(3 家)、工程和技术研究和试验发展（7 家)、农业科学研究和试验发展（19 家)、医学研究和试验发展（5 家)、社会人文科学研究（3 家)。其中农业科学研究和试验发展最多，占 51.35%（图 1-1）。

表 1-2　2018 年福建省属公益类科研院所人员规模

项目	院所		人数	
	数量（家）	占比(%)	数量(人)	占比(%)
200 人以上	1	2.70	354	12.69
100~199 人	7	18.92	850	30.48
70~99 人	8	21.62	630	22.59
40~69 人	14	37.84	782	28.04
39 人以下	7	18.92	173	6.20

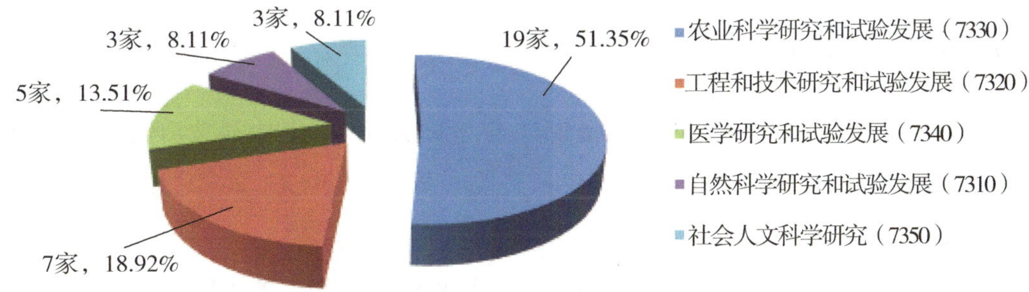

图 1-1　福建省属公益类科研院所从事国民经济行业

1.1.4　学科领域[①]

涉及的学科领域有 18 类，其中农学领域最多，共 13 家，占 35.14%。有 2 个领域各涉及 3 家院所，有 3 个领域各涉及 2 家院所，有 12 个领域各涉及 1 家院所（表 1-3）。

科研院所经过长期积累和发展，已形成稳定的重点发展研究方向，相对合理的团队规模和学术梯队，研究工作在国内外具有一定影响力。重点发展研究方向共涉及 25 家科研院所，135 个重点研究部门及重点发展学科。

① 学科领域分类依据“国家标准《学科分类与代码》（GB/T 13745—2009）”。

表 1-3　福建省属公益类科研院所学科领域

学科领域（家）	数量（家）	学科领域（家）	数量（家）
农学(210)	13	药学(350)	1
水产学(240)	3	中医学与中药学(360)	1
基础医学(310)	3	机械工程(460)	1
地理科学(170)	2	水利工程(570)	1
生物学(180)	2	环境科学技术及资源科学技术(610)	1
工程与技术科学基础学科(410)	2	安全科学技术(620)	1
化学(150)	1	经济学(790)	1
林学(220)	1	图书馆、情报与文献学(870)	1
畜牧兽医学(230)	1	体育科学(890)	1

1.2　科技资源配置

1.2.1　科技人才队伍

2018 年，共有从业人员2 789人，比 2017 年增长 1.94%。其中科技活动人员2 445人，占 87.67%；生产经营活动人员占 0.39%，其他人员占 11.94%。R&D 人员2 154人，比 2017 年增长 3.66%。

科技活动人员中本科毕业占 42.37%，硕士毕业占 35.13%，博士毕业占 10.35%。高、中级职称分别占 36.89%和 34.19%。科技活动人员中科技管理人员、课题活动人员、科技服务人员比例约 13：71：16。

1.2.2　科技活动经费

2018 年，收入总额112 909.80万元，比 2017 年增长 15.23%。其中科技活动收入为99 500.80万元，占 88.12%；经营活动收入和其他收入分别占 6.52%和 5.36%，人均科技活动收入为 40.70 万元/人。

科技活动收入中政府资金占 87.53%，非政府资金占 12.47%。政府资金中以财政拨款为主，占 69.70%；承担政府科研项目收入占 27.27%。非政府资金中 86.15%的资金来自技术性收入，达 10 692.90 万元，比 2017 年增长 26.67%，其中大多数来源于服务企业的技术性收入。

1.2.3 科技课题研究

2018 年，在研科技课题2 187项，比 2017 年增加 6.58%；在研科技课题经费内部支出51 639.58万元，比 2017 年增长 26.90%。人均在研科技课题和人均在研科技课题经常费内部支出分别为 0.89 项/人和 21.12 万元/人。

新增科技课题 820 项，新增科技课题合同经费20 663.89万元。人均新增科技课题和人均新增科技课题合同经费分别为 0.34 项/人和 8.45 万元/人。新增 R&D 课题 575 项，新增 R&D 课题合同经费14 500.79万元。

1.2.4 固定资产与科学仪器设备

截至 2018 年，年末固定资产原价为151 210.40万元。其中科研房屋建筑物54 294.10万元，占 35.91%；科学仪器设备74 693.90万元，占 49.40%。人均科研仪器设备 30.55 万元/人。

1.2.5 科技创新与服务平台

2018 年，新增“福建省兽用疫苗工程研究中心”、“闽侯农田生态系统福建省野外科学观测研究站”两个省级科技创新平台。截至 2018 年，共有 22 家科研院所承担 66 个科技创新平台建设任务，其中科学与工程研究 23 个（其中国家级 3 个），技术创新与成果转化类 28 个（其中国家级 4 个），基础支撑与条件保障类 15 个。

共有 20 家科研院所承担 30 个科技服务平台工作，其中品种改良和加工中心 6 个，检验检测（计量）平台 15 个，查新咨询平台 3 个，资格认定平台 3 个，科技合作基地 3 个。

共有 15 家科研院所主办（承办）16 种科技期刊的出版工作，其中季刊 5 种，双月刊 7 种，月刊 4 种。

1.3 科研成果与创新效益

1.3.1 获奖成果①

2018 年，共有 14 项项目获 2018 年度福建省“科学技术进步奖”，其中一等奖 3 项，

① 获奖成果只统计“省部级以上政府部门颁发的奖励”，且只统计科研院所为第一单位的奖项。

二等奖5项，三等奖6项。福建省农业科学院植物保护研究所张艳璇研究员获2018年度福建省“科技重大贡献奖”。

有8项标准获“2018年福建省标准贡献奖”，其中二等奖4项，三等奖2项。有2项论文成果分别获“福建省第十二届社会科学优秀成果奖”二等奖和三等奖。

1.3.2 专利获得

2018年，共有专利申请受理数468件（其中第二申请单位12件），比2017年减少16.45%。其中发明专利申请392件，占83.76%。

专利授权数268件（其中第二申请单位9件），比2017年增加41.80%。其中发明专利授权109件，占40.67%。

截至2018年，共有有效专利979件（其中第二申请单位28件），其中发明专利530件，实用新型专利429件，外观设计专利12件。2018年有13家院所的29件专利所有权进行转让及许可，实现收入347.50万元。

1.3.3 行业证书

2018年，审（认、鉴）定新品种以及登记新品种59项（其中第一单位49项），其中国家级12项，省级47项。

共产生34项各级标准，其中国家标准8项（其中第一单位2项），行业标准5项（其中第一单位4项），地方标准20项（其中第一单位9项）。

共获得7件植物新品种授权，23件计算机软件著作权（其中第二著作权人1件），5件商标权。

1.3.4 论文论著

2018年，共发表科技论文1 250篇，平均每家科研院所33.78篇。其中SCI 153篇，占12.24%，共有21家科研院所发表有SCI，其中福建师范大学地理研究所发表数量最多，有49篇，占32.03%。国内三大核心期刊源收录的论文376篇，占30.08%。

出版科技著作21本，其中专著4本，编著17本。

1.3.5 科技成果转化

2018年，科技成果转化合同金额为11 977.54万元。其中技术开发占5.00%，技术转让占 18.61%，技术咨询占 19.26%，技术服务占 57.13%。

共有 32 家科研院所产生科技成果转化。合同金额排名前三的是福建海洋研究所（2 945.91万元）、福建省环境科学研究院（1 696.06万元）、福建省微生物研究所（1 046.69万元）。

人均科技成果转化合同金额4.90万元/人，排名前三的是福建海洋研究所（52.61 万元/人）、福建省环境科学研究院（23.56 万元/人）、福建省农业科学院食用菌研究所（15.08 万元/人）。

1.3.6 科技服务

2018 年，科技服务活动工作量合计 948 人·年。共有 36 家科研院所参加科技服务活动，工作量排名前三的福建省林业科学研究院（占 9.18%）、福建省计量科学研究院（占 7.91%）、福建省科学技术信息研究所（占 7.17%）。科技服务工作量少于 10 人·年的科研院所有 6 家，其中有 1 家院所没有科技服务工作。

2　科技人员

2.1　人员情况

2.1.1　人员组成

科研院所人员由从业人员、外聘的流动学者（编制在其他单位）、招收的非本单位编制在读研究生和离退休人员 4 部分组成。

2018 年，37 家省属公益类科研院所共有人员5 094人，主要以从业人员为主，有2 789人，占 54. 75%，从业人员是科研院所最为主要的人力资源，也是科研院所进行科技活动和生产经营的主体。离退休人员占 39. 91%，招收的非单位编制的在读研究生占 4. 20%，外聘的流动学者占 1. 14%（表 2-1、图 2-1）。

表 2-1　2014—2018 年福建省属公益类科研院所人员组成

项目 （人）	2014 年	2015 年	2016 年	2017 年	2018 年
从业人员	2 767	2 735	2 677	2 736	2 789
外聘的流动学者（编制在其他单位）	125	137	111	190	58
招收的非本单位编制的在读研究生	312	251	272	85	214
离退休人员	1 952	1 982	1 912	1 907	2 033
合计	5 156	5 105	4 972	4 918	5 094

注：相关指标内涵说明见本书附录，以下类同。

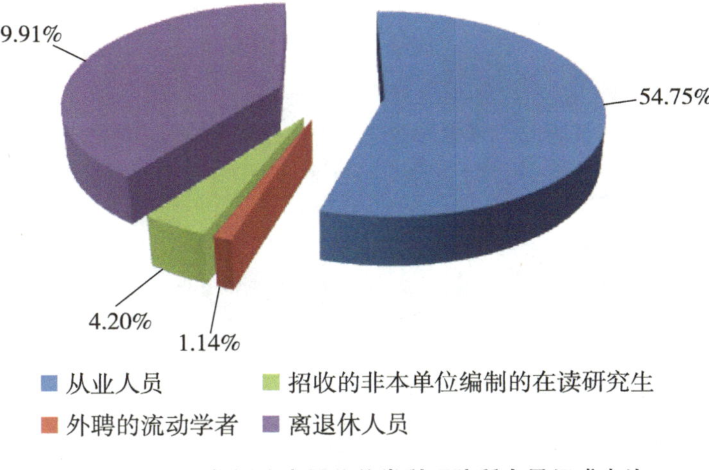

图 2-1　2018 年福建省属公益类科研院所人员组成占比

2.1.2　从业人员构成

从业人员可分为科技活动人员，生产经营活动人员和其他人员。

2018 年，共有从业人员2 789人，主要以科技活动人员为主，有2 445人，占 87.67%，比 2017 年增加 25 人，科技活动人员是科研院所科技创新活动的重要从事者，其结构和质量在一定程度上反映科研院所科研发展和技术开发应用的潜力（表 2-2、图 2-2）。

从业人员中有在岗职工2 549人，占 91.39%。劳务派遣人员 186 人，占 6.67%，近年来逐渐成为科研院所从业人员的有益补充。其他从业人员 54 人，占 1.94%。

近年来科技活动人员数量和占比变化不大，但生产经营活动人员数量处于持续减少趋势，主要是受科研机构管理体制分类改革要求省属公益类科研院所按非营利性机构管理和运行的影响。

表 2-2　2014—2018 年福建省属公益类科研院所从业人员构成

项目 （人）	2014 年	2015 年	2016 年	2017 年	2018 年
从业人员	2 767	2 735	2 677	2 736	2 789
其中：从事科技活动人员	2 374	2 385	2 322	2 420	2 445
从事生产、经营活动人员	61	47	36	17	11
其他人员	332	303	319	299	333

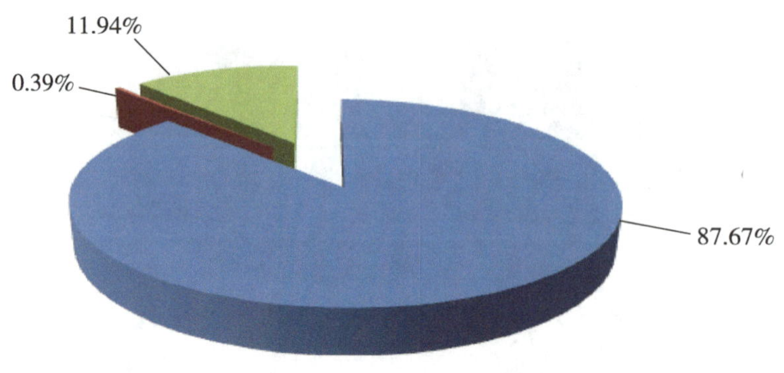

图 2-2　2018 年福建省属公益类科研院所从业人员构成占比

2.2　科技活动人员

2.2.1　构成情况

科技活动人员可分为科技管理人员、课题活动人员、科技服务人员 3 类。

2018 年，科技活动人员以课题活动人员为主，1 763人，占 72.11%，是科技活动中具有科技创新能力的重要群体。科技管理人员和科技服务人员分别是 339 人和 343 人，占 13.87%和 14.03%。科技活动人员中女性科技活动人员占 39.67%（表 2-3、图 2-3）。

表 2-3　2014—2018 年福建省属公益类科研院所科技活动人员构成

项目 （人）	2014 年	2015 年	2016 年	2017 年	2018 年
科技活动人员	2 374	2 385	2 322	2 420	2 445
其中：女性	879	919	910	957	970
其中：科技管理人员	315	329	358	325	339
课题活动人员	1 732	1 731	1 663	1 766	1 763
科技服务人员	327	325	301	329	343

2011 年以来，课题活动人员和科技管理人员的数量和占比均略有增长，数量年均增长

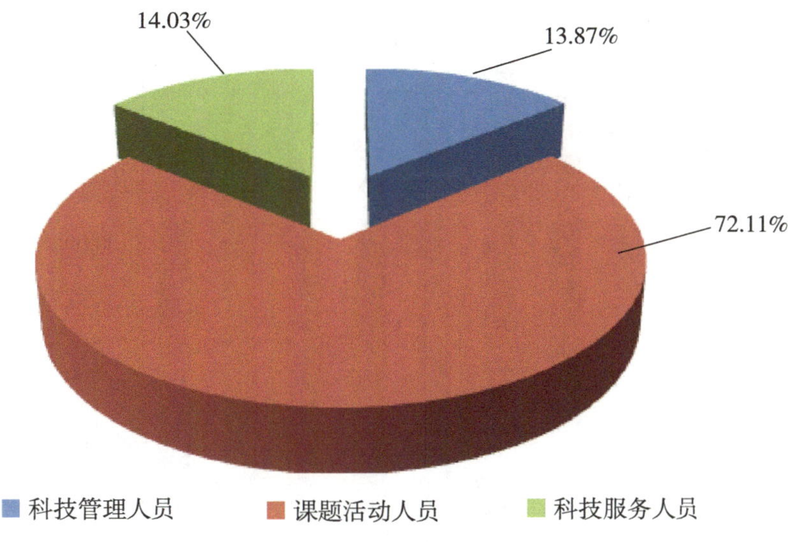

图 2-3 2018 年福建省属公益类科研院所科技活动人员构成占比

率分别为 1.58%和 3.36%。而科技服务人员的数量和占比呈现减少趋势，数量年均增长率为-7.43%。总体上看，近年来科研院所已基本形成相对合理、稳定的科技活动人员结构，科技管理人员、课题活动人员、科技服务人员比例约 13 : 71 : 16（图 2-4）。另外，女性科技人员也呈现增长趋势，2011 年以来年均增长率达到 1.53%。

2.2.2 学历结构

科技活动人员的学历/学位结构反映科研院所科技创新人员总体构成状态和潜在技术创新活动能力。

2018 年，本科毕业1 036人，占 42.37%；硕士毕业 859 人，占 35.13%；博士毕业 253 人，占 10.35%；大专毕业 174 人，占 7.12%（表 2-4、图 2-5）。目前科研院所科技活动人员已形成以本科毕业和硕士毕业为主的人才学历结构。

表 2-4 2014—2018 年福建省属公益类科研院所科技活动人员学历结构

项目（人）	2014 年	2015 年	2016 年	2017 年	2018 年
科技活动人员	2 374	2 385	2 322	2 420	2 445
其中：博士毕业	207	224	239	252	253
硕士毕业	733	755	760	824	859
本科毕业	1 108	1 082	1 015	1 025	1 036
大专毕业	219	206	208	194	174
其他	107	118	100	125	123

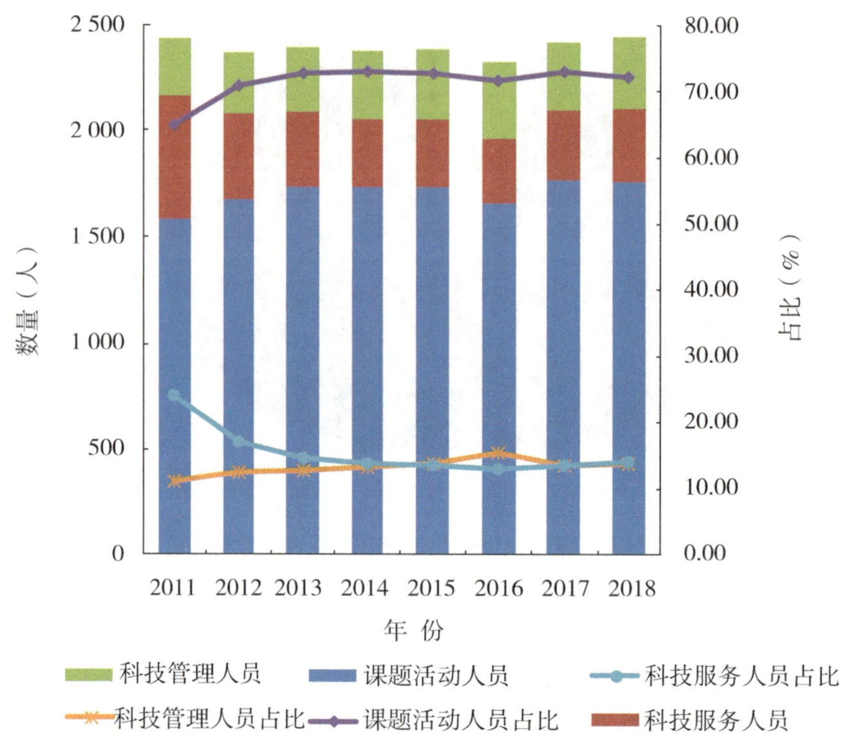

图 2-4　2014—2018 年福建省属公益类科研院所科技活动人员构成变化

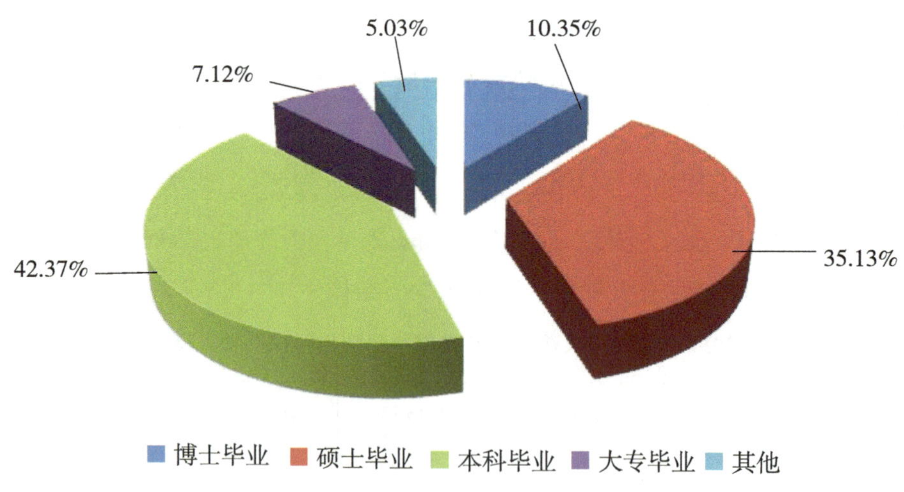

图 2-5　2018 年福建省属公益类科研院所科技活动人员学历结构占比

硕、博士毕业比例超过 50%的有 19 家科研院所，高于平均水平 45. 48%的有 23 家科研院所。排名前三的是福建省师范大学地理研究所（96.67%）、厦门大学抗癌研究中心（83.33%）、福建省农业科学院土壤肥料研究所（70.21%）。硕、博士毕业比例最低的分别是福建省闽东水产研究所、福建省农业机械化研究所、福建省计划生育科学技术研究所。

2011 年以来，博士毕业和硕士毕业人员数量和占比总体上均保持增长趋势，数量年均增长率分别为 6.76%和 3.90%。本科毕业和大专毕业人员数量和占比总体上趋于减少，数量年均增长率分别为-0.51%和-7.17%（图 2-6）。高学历人员已成为科研院所人才引进的主要对象和趋势，但博士人才引进速度还比较慢。

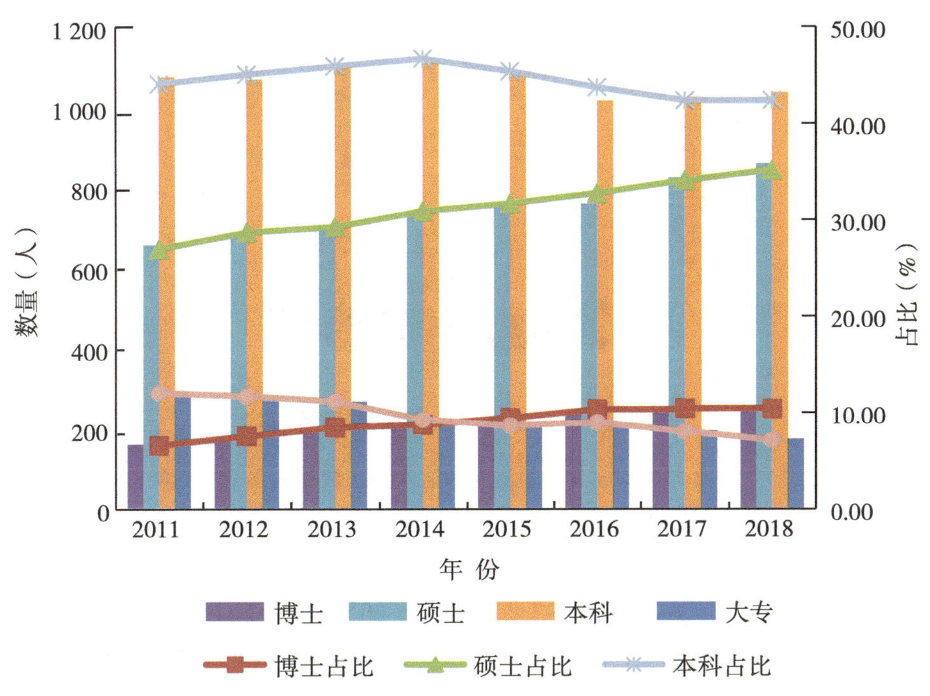

图 2-6 2014—2018 年福建省属公益类科研院所科技活动人员学历结构变化

2.2.3 职称结构

科技活动人员的职称结构反映科研院所科技创新人员能力与技能构成情况，以及潜在竞争能力中的独特技能。

2018 年，高级职称 902 人，占 36.89%；中级职称 836 人，占 34.19%；初级职称 416 人，占 17.01%；其他 291 人，占 11.90%（表 2-5、图 2-7）。

表 2-5　2014—2018 年福建省属公益类科研院所科技活动人员职称结构

项目（人）	2014 年	2015 年	2016 年	2017 年	2018 年
科技活动人员	2 374	2 385	2 322	2 420	2 445
其中：高级职称	931	936	901	898	902
中级职称	861	841	839	866	836
初级职称	411	418	408	421	416
其他	171	190	174	235	291

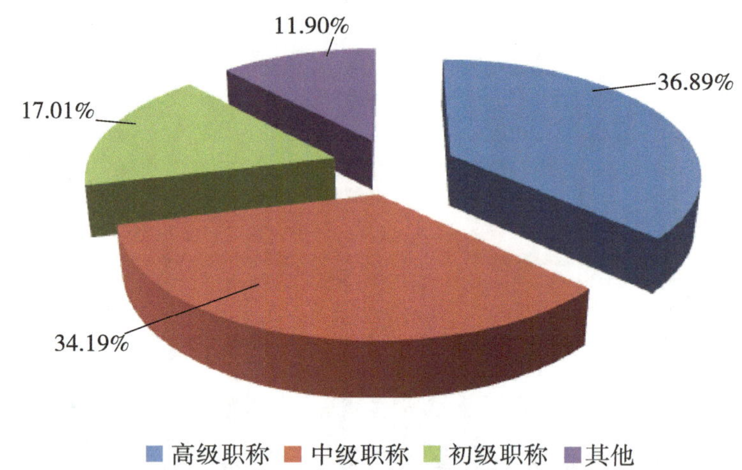

图 2-7　2018 年福建省属公益类科研院所科技活动人员职称结构占比

高级职称比例超过 50%的有 7 家科研院所，高于平均水平 36. 89%的有 23 家科研院所。排名前三的是福建师范大学地理研究所（90. 00%）、福建省标准化研究院（56. 41%）、福建省林业科学研究院（55. 88%）。高级职称比例最低的分别是福建省农业科学院茶叶研究所、福建省农业科学院农业质量标准与检测技术研究所、福建省武夷山生物研究所。

2011 年以来，科研院所高、中、初级职称人员比例约 37：36：18（图 2-8）。近年来，科研院所高素质人才队伍培养虽然在逐渐加强，但已呈现倒金字塔型人才队伍结构。

2. 2. 4　行业分布

2018 年，农业科学研究和试验发展类科技活动人员1 270人，占 51. 94%；工程和技术研究和试验发展类 646 人，占 26. 42%；医学研究和试验发展类 251 人，占 10. 27%；社会人文科学研究类 183 人，占 7. 48%；自然科学研究和试验发展类 95 人，占 3. 89%（图 2-9）。

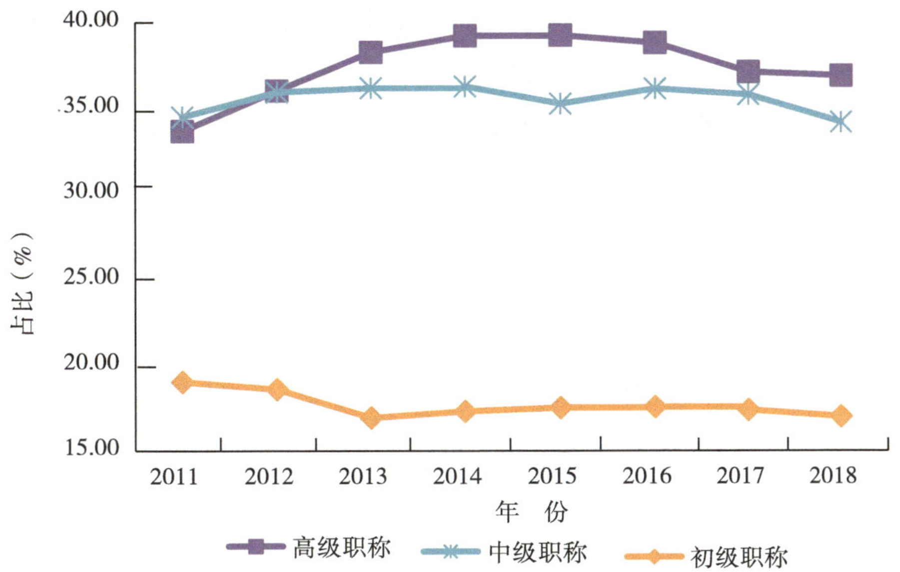

图 2-8 2014—2018 年福建省属公益类科研院所科技活动人员职称结构变化

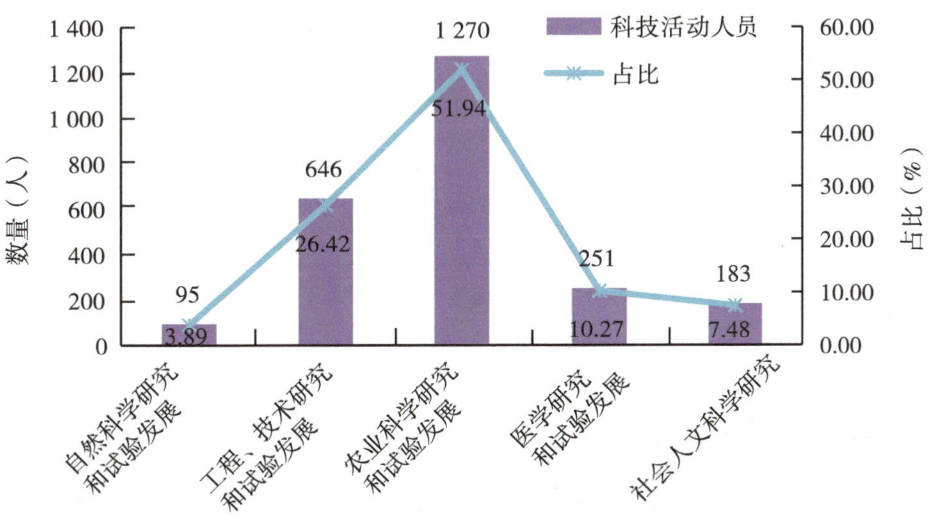

图 2-9 2018 年福建省属公益类科研院所科技活动人员行业分布

2.3 R&D 人员

2.3.1 R&D 人员构成

2018 年，共有 R&D 人员2 154人，比上年增长 3.66%，其中女性占 36.86%。按工作性质分，研究人员占 53.39%，技术人员占 35.84%，其他辅助人员占 10.77%。按工作量分，R&D 全时人员明显多于 R&D 非全时人员，R&D 全时人员占 75.07%，R&D 非全时人员占 24.93%。按学历分，本科毕业的 R&D 人员占 43.50%，硕士毕业的 R&D 人员占 36.72%，博士毕业的 R&D 人员占 11.70%，其他学历毕业的 R&D 人员占 8.08%（表 2-6）。

表 2-6　2014—2018 年福建省属公益类科研院所 R&D 人员构成

项目（人）	2014 年	2015 年	2016 年	2017 年	2018 年
R&D 人员	2 017	1 915	2 046	2 078	2 154
其中：女性	670	634	734	775	794
其中：研究人员	—	—	908	1 012	1 150
技术人员	—	—	898	841	772
其他辅助人员	—	—	240	225	232
其中：R&D 全时人员	1 367	1 451	1 424	1 487	1 617
R&D 非全时人员	650	464	622	591	537
其中：博士毕业	210	215	250	247	252
硕士毕业	656	651	704	748	791
本科毕业	989	869	943	902	937
其他学历	162	180	149	181	174

注："—"表示该类数据不发生或当年没有统计，以下类同。

2.3.2　R&D 人员工作量

2018 年，共投入 R&D 人员折合全时工作量1 894人·年，比上年增长 11.48%。其中研究人员 997 人·年，占 52.63%，比上年增长 18.13%（表 2-7）。

表 2-7　2014—2018 年福建省属公益类科研院所 R&D 人员折合全时工作量

项目（人·年）	2014 年	2015 年	2016 年	2017 年	2018 年
R&D 人员折合全时工作量	1 720	1 713	1 683	1 699	1 894
其中：研究人员	727	649	786	844	997

2.4 人员流动与研究生培养

2.4.1 人员流动

2.4.1.1 新增人员

2018 年，新增人员 128 人，比上年减少 8 人。其中应届高校毕业生占 27.34%，招聘的其他人员占 35.94%，其他新增人员占 36.72%（表 2-8）。

表 2-8 2014—2018 年福建省属公益类科研院所新增人员情况

项目（人）	2014 年	2015 年	2016 年	2017 年	2018 年
新增人员	103	130	108	136	128
1. 应届高校毕业生	57	64	43	57	35
2. 招聘的其他人员	38	56	47	61	46
其中：来自研究院所	10	14	3	11	6
来自企业	18	18	38	40	10
其中：外资或合资企业	0	0	0	1	0
来自高等学校	6	7	3	4	27
来自国外	0	0	0	0	0
来自政府部门	3	9	1	4	2
3. 其他新增人员	8	10	17	18	47

2.4.1.2 减少人员

2018 年，共减少人员 122 人，以离退休人员和离开本单位的人员为主。离退休人员占 51.64%；离开本单位的人员占 34.43%，主要以流向企业为主；其他减少人员占 13.93%（表 2-9）。

表 2-9　2014—2018 年福建省属公益类科研院所减少人员情况

项目 （人）	2014 年	2015 年	2016 年	2017 年	2018 年
减少人员	130	162	131	99	122
1. 离退休人员	73	67	42	61	63
2. 离开本单位的人员	54	91	81	39	42
其中：流向研究院所	9	5	9	3	8
流向企业	5	63	55	12	20
其中：外资或合资企业	0	0	0	0	0
流向高等学校	5	6	2	8	7
出国	3	1	3	2	1
流向政府部门	10	5	11	9	4
3. 其他减少人员	3	4	8	1	17

2.4.1.3　不在岗人员

2018 年，不在岗人员达 45 人，达到近年来最高峰，这可能与近年来国家鼓励科研人员离岗创业的相关政策有关（表 2-10）。

表 2-10　2014—2018 年福建省属公益类科研院所不在岗人员情况

项目 （人）	2014 年	2015 年	2016 年	2017 年	2018 年
不在岗人员	4	4	3	9	45

2.4.2　研究生培养

2018 年，共培养硕博毕业生 91 人，其中博士毕业生占 15.38%，硕士毕业生占 84.62%，主要以去研究院所工作为主。近年来科研院所研究生培养数量总体上略有下降（表 2-11）。

表 2-11 2014—2018 年福建省属公益类科研院所研究生培养情况

项目 （人）	2014 年	2015 年	2016 年	2017 年	2018 年
培养博士毕业生	12	3	15	23	14
其中：毕业去研究院所工作	3	1	2	8	7
毕业去企业工作	0	0	0	0	0
毕业去高等学校工作	5	0	3	3	3
毕业去政府部门工作	1	0	1	3	2
其他（含继续深造及待定）	3	2	9	9	2
培养硕士毕业生	119	110	138	138	77
其中：毕业去研究院所工作	33	24	16	16	21
毕业去企业工作	19	27	35	31	10
毕业去高等学校工作	26	19	14	16	6
毕业去政府部门工作	14	10	10	13	6
其他（含继续深造及待定）	27	30	63	62	34

3　科技经费

3.1　经常费收入

经常费收入由科技活动收入，经营活动收入和其他收入 3 部分构成。

2018 年，37 家福建省属公益类科研院所收入总额共计112 909. 80万元。其中科技活动收入为99 500. 80万元，占 88. 12%，比 2017 年增长 14. 67%，是科研院所收入的主要来源。经营活动收入和其他收入为分别占 6. 52%和 5. 36%（表 3-1、图 3-1）。

表 3-1　2014—2018 年福建省属公益类科研院所经常费收入构成

项目 （万元）	2014 年	2015 年	2016 年	2017 年	2018 年
收入总额	91 053. 90	115 790. 80	101 093. 70	97 982. 30	112 909. 80
其中：科技活动收入	77 667. 70	97 814. 70	96 268. 60	86 771. 40	99 500. 80
经营活动收入	2 134. 30	1 046. 60	1 125. 20	6 557. 80	7 360. 10
其他收入	11 251. 90	16 929. 50	3 699. 90	4 653. 10	6 048. 90

2011 年以来，收入总额年均增长率为 7. 65%，其增长主要受益于科技活动收入的增加。科技活动收入、经营活动收入年均增长率分别为 8. 05%和 17. 30%，其他收入处于减少趋势，年均增长率为-2. 27%。

另外，科技活动收入和经营活动收入占比总体增加，科技活动收入占比在 2016 年最高，为 95. 23%。其他收入占比在 2015—2016 年出现较大波动，但总体上处于下降趋势（图 3-2）。

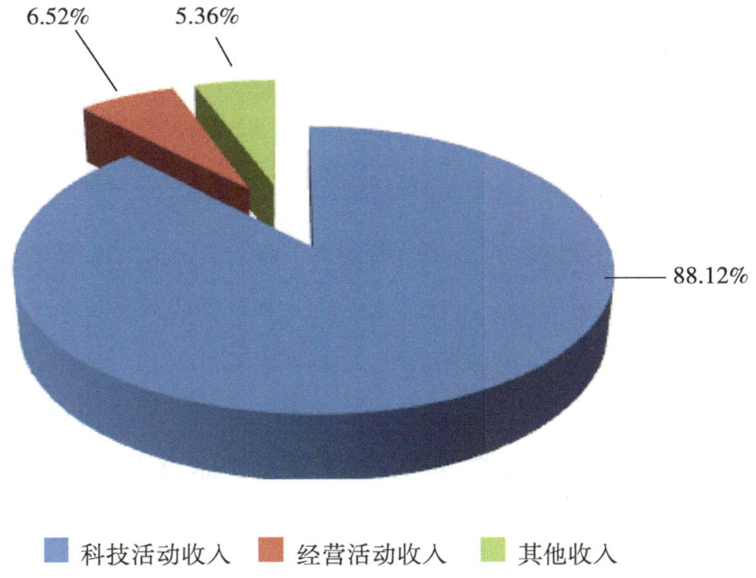

图 3-1 2018 年福建省属公益类科研院所经常费收入构成占比

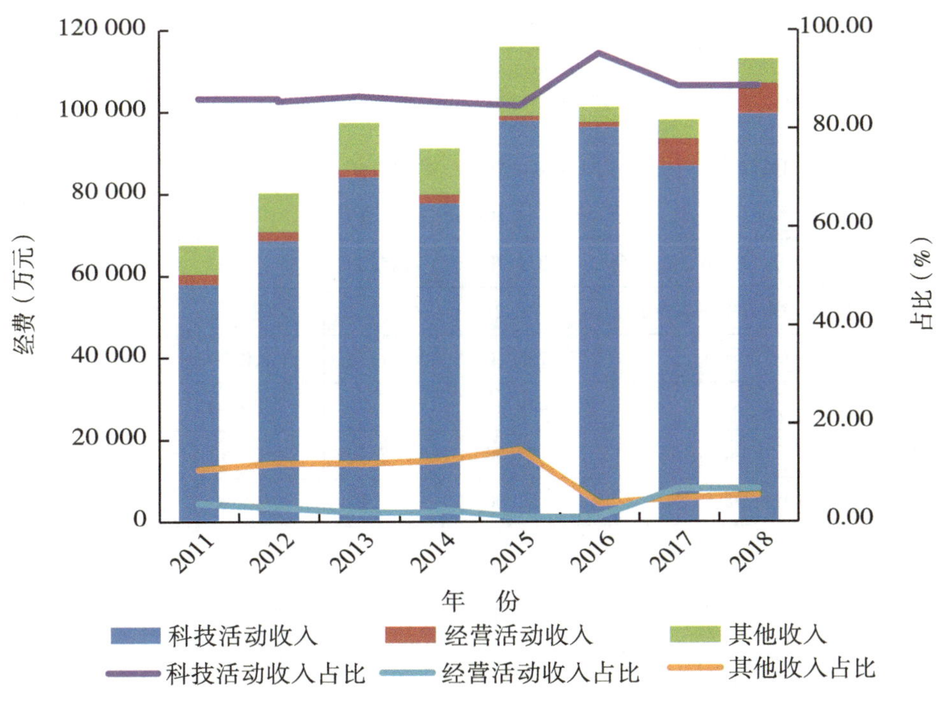

图 3-2 2014—2018 年福建省属公益类科研院所经常费收入构成变化

3.2 科技活动收入

3.2.1 构成情况

科技活动收入主要分为政府资金和非政府资金。政府资金包括财政拨款、承担政府科研项目收入和其他收入。非政府资金包括技术性收入和其他收入。

2018 年，科技活动收入主要以政府资金为主，达87 089.00万元，占 87.53%，其中 89.36%的资金来自地方政府，10.64%的资金来自中央政府。非政府资金12 411.80万元，占 12.47%，其中 86.15%来自技术性收入，绝大多数是来自于服务企业的技术性收入（表 3-2、图 3-3）。

表 3-2　2014—2018 年福建省属公益类科研院所科技活动收入构成

项目 （万元）	2014 年	2015 年	2016 年	2017 年	2018 年
科技活动收入	77 667.70	97 814.70	96 268.60	86 771.40	99 500.80
1. 政府资金	63 899.20	85 283.00	85 148.30	76 826.70	87 089.00
其中：财政拨款	46 729.00	58 847.50	61 593.60	58 626.40	60 705.30
承担政府科研项目收入	16 424.70	24 214.40	21 035.10	16 574.60	23 746.40
其他	745.50	2 221.10	2 519.60	1 625.70	2 637.30
全部政府资金中：来自地方政府资金	15 839.30	18 915.50	75 477.90	54 275.00	77 822.80
全部政府资金中：来自中央政府资金	—	—	9 670.40	22 551.70	9 266.20
2. 非政府资金	13 768.50	12 531.70	11 120.30	9 944.70	12 411.80
其中：技术性收入	13 437.40	11 621.70	9 639.40	8 441.60	10 692.90
其中：来自企业	6 057.50	5 885.40	5 526.50	4 950.90	6 704.50
其中：来自大中型企业	12.00	131.10	746.90	1 078.90	539.10

财政拨款、承担政府科研项目收入和技术性收入是科技活动收入的重要组成部分。2018 年财政拨款 60 705.30 万元，占 61.01%，比 2017 年增长了 3.55%。承担政府科研项目收入23 746.40万元，占 23.87%，比 2017 年增长了 43.27%。技术性收入10 692.90万元，占 10.75%，比 2017 年增长了 26.67%（表 3-2、图 3-3）。

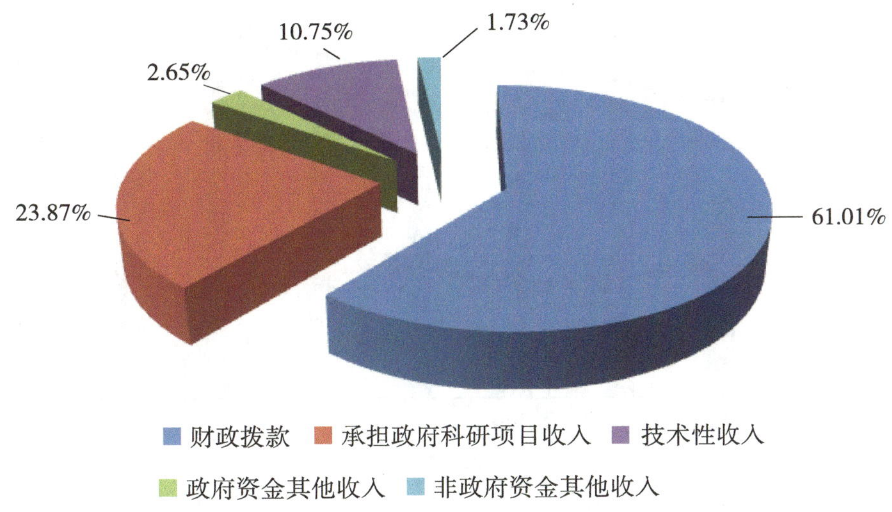

图 3-3 2018 年福建省属公益类科研院所科技活动收入构成占比

科技活动收入超过 3 000 万元的有 10 家，1 000 万元以下的有 5 家。高于平均数 2 689.21 万元的有 14 家，14 家收入占总数的 65.14%。排名前三的是福建省计量科学研究院（11 124.60 万元）、福建省水产研究所（9 446.70 万元）、福建省林业科学研究所（5 232.40 万元）。

2011 年以来，财政拨款、承担政府科研项目收入、技术性收入规模年均增长率分别为 9.13%、9.53%和 0.86%，属于政府资金的财政拨款和承担政府科研项目收入均保持较快增长速度，而非政府资金的技术性收入增长不显著。财政拨款、承担政府科研项目收入和技术性收入占比近年来约维持在 60：22：14。财政拨款占比和承担政府科研项目收入占比总体上略有增长，而技术性收入占比呈现下降趋势（图 3-4）。可见，近年来政府对科研院所的财政支持有所加强，但科研院所应更加注重自身科技成果转化和提高服务市场的能力。

3.2.2 人均收入

2018 年，人均科技活动收入为 40.70 万元/人，比 2017 年增长 13.50%。其中人均财政拨款 24.83 万元/人，占 61.01%；人均承担政府科研项目收入 9.71 万元/人，占 23.87%；人均技术性收入 4.37 万元/人，占 10.75%（表 3-3、图 3-5）。

人均科技活动收入高于平均数 40.70 万元/人的有 14 家科研院所。排名前三的是福建省海洋研究所（87.29 万元/人）、福建师范大学地理研究所（72.39 万元/人）、福建省水产研究所（64.26 万元/人）。

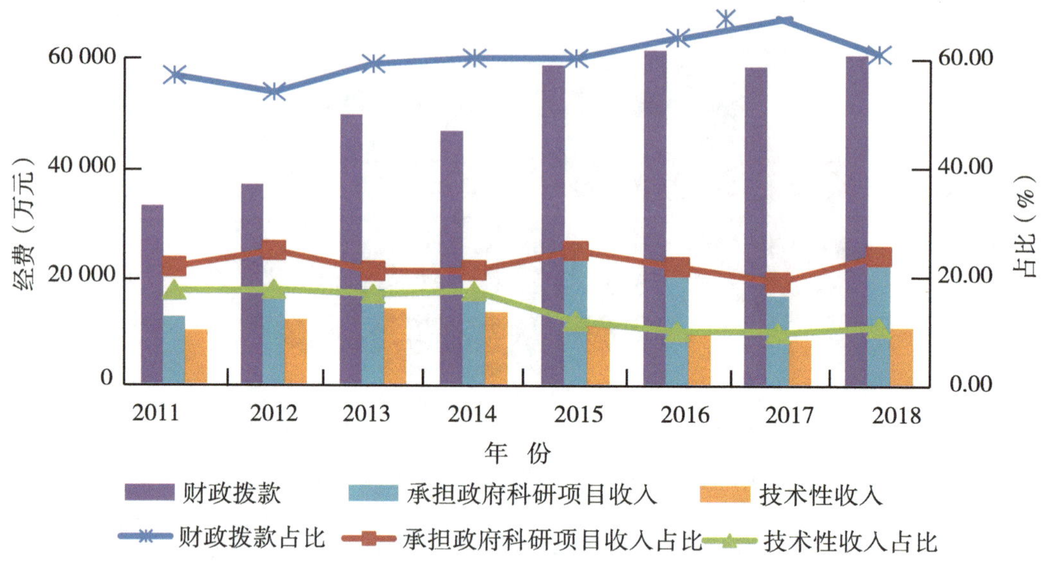

图 3-4　2014—2018 年福建省属公益类科研院所主要科技活动收入构成变化

表 3-3　2014—2018 年福建省属公益类科研院所人均科技活动收入构成

项目 （万元/人）	2014 年	2015 年	2016 年	2017 年	2018 年
人均科技活动收入	32. 72	41. 01	41. 46	35. 86	40. 70
其中：人均财政拨款	19. 68	24. 67	26. 53	24. 23	24. 83
人均承担政府科研项目收入	6. 92	10. 15	9. 06	6. 85	9. 71
人均技术性收入	5. 66	4. 87	4. 15	3. 49	4. 37
其他	0. 45	1. 31	1. 72	1. 29	1. 78

2011 年以来，人均科技活动收入年均增长率 8. 01%。其中人均财政拨款、人均承担政府科研项目收入、人均技术性收入的年均增长率分别为 9. 08%、9. 48%和 0. 81%。近年来人均承担政府科研项目收入比重虽然不是最高，但其在数量上年均增长率最快（9. 48%）。从占比变化来看，人均财政拨款和人均承担政府科研项目收入占比略微增长，而人均技术性收入占比呈现下降趋势（图 3-6）。

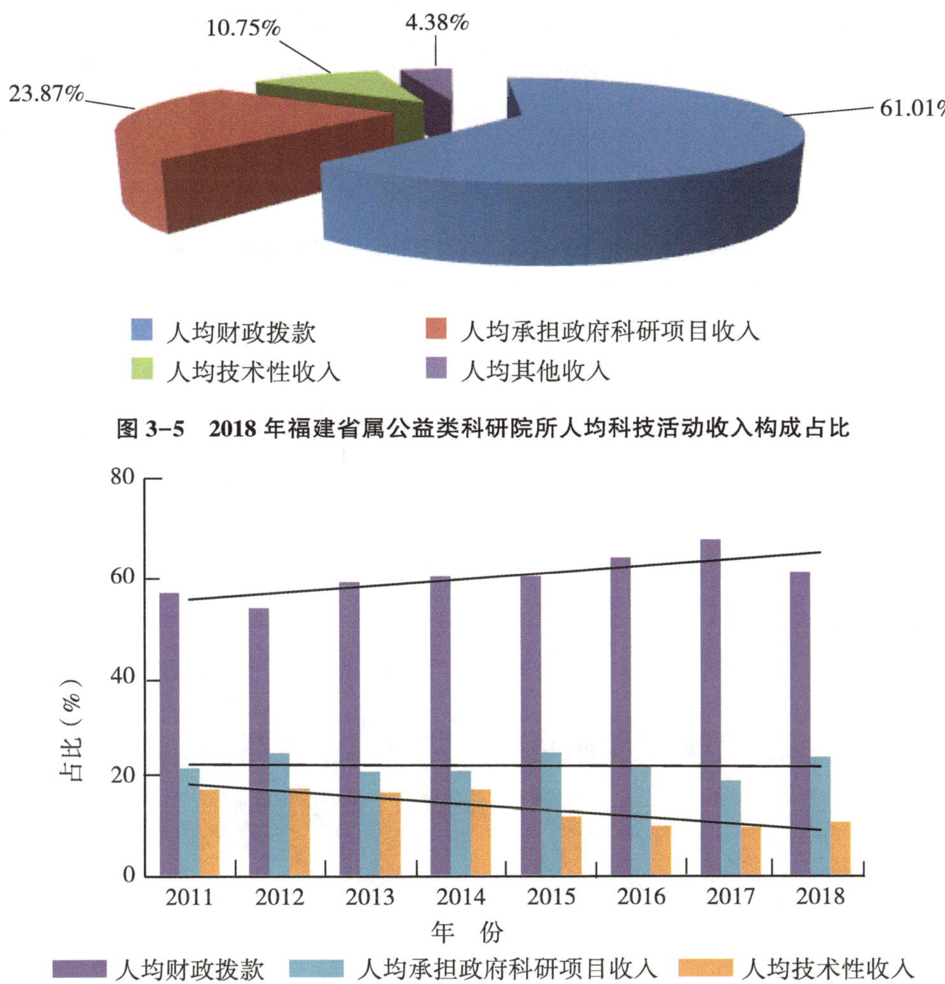

图 3-5 2018 年福建省属公益类科研院所人均科技活动收入构成占比

图 3-6 2014—2018 年福建省属公益类科研院所人均科技活动收入构成变化

3.3 经常费支出

3.3.1 按支出的经济性质和具体用途

经常费内部支出按经济性质和具体用途，可分为工资福利支出、对个人和家庭补助、商品和服务支出、其他。

2018 年，内部支出总额为106 330.70万元。其中工资福利支出为46 371.10万元，占43.61%；对个人和家庭补助3 978.20万元，占 3.74%；商品和服务支出38 350.90万元，占 36.07%；其他17 630.50万元，占 16.58%（表 3-4、图 3-7）。

2014 年以来，内部支出总额年均增长率为 7.90%，其中工资福利支出、对个人和家庭补助、商品和服务支出、其他支出年均增长率分别为 18.20%、-27.40%、5.22%、18.05%。从占比看，对个人和家庭补助占比降低较为明显（图 3-8）。

表 3-4　2014—2018 年福建省属公益类科研院所经常费不同用途支出

项目（万元）	2014 年	2015 年	2016 年	2017 年	2018 年
本年内部支出总额	78 442.60	96 244.30	91 265.40	94 837.50	106 330.70
其中：工资福利支出	23 758.80	27 848.60	32 284.30	36 015.00	46 371.10
对个人和家庭补助	14 320.20	15 899.50	7 331.20	7 340.60	3 978.20
商品和服务支出	31 285.80	35 453.20	40 796.20	39 738.20	38 350.90
其他	9 077.80	17 043.00	10 853.70	11 743.70	17 630.50

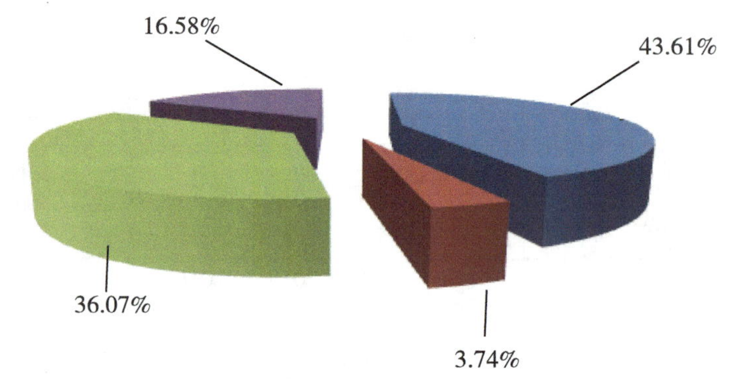

图 3-7　2018 年福建省属公益类科研院所经常费不同用途支出占比

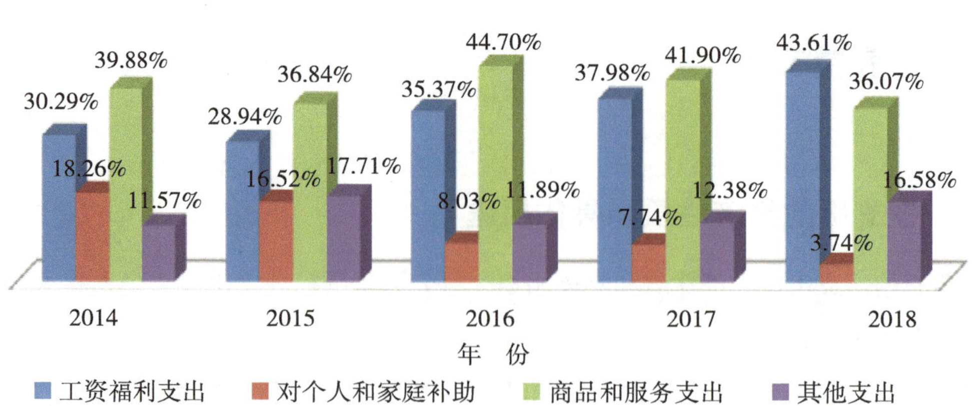

图 3-8　2014—2018 年福建省属公益类科研院所经常费不同用途支出变化

3.3.2 按支出的活动性质

经常费内部支出按活动性质，可分为科技活动支出、生产经营活动支出、其他支出。

2018 年，科技活动支出97 981.10万元，占 92.15%，是主要的活动开支；生产经营活动支出1 358.00万元，占 1.28%；其他支出6 991.60万元，占 6.58%。

2014 年以来，科技活动支出保持着持续增长趋势，年均增长率为 10.90%，生产经营活动支出年均增长率为 7.73%，其他支出年均增长率为-13.80%。科技活动支出一直保持较高的占比，2017 年达到最高值（94.70%）。生产经营活动支出占比相对较稳定，其他日常支出占比从 2016 年开始出现较大幅度下降（图 3-10）。

3.4 科技活动支出

3.4.1 构成情况

科技活动支出分为人员费、设备购置费、其他日常支出。

2018 年，科技活动支出中人员费 45 748.50 万元，占 43.02%；其他日常支出39 997.80万元，占 37.62%；设备购置费12 234.80万元，占 11.51%（表 3-5、图 3-9）。

表 3-5 2014—2018 年福建省属公益类科研院所经常费不同活动性质支出

项目 （万元）	2014 年	2015 年	2016 年	2017 年	2018 年
本年内部支出总额	78 442.60	96 244.30	91 265.40	94 837.50	106 330.70
1. 科技活动支出	64 769.60	82 607.00	84 704.40	89 815.70	97 981.10
其中：人员费	26 301.90	27 964.90	31 743.30	39 417.70	45 748.50
设备购置费	4 283.60	6 247.40	9 553.50	9 728.70	12 234.80
其他日常支出	34 184.10	48 394.70	43 407.60	40 669.30	39 997.80
2. 生产经营活动支出	1 008.10	753.40	2 243.90	1 476.90	1 358.00
其中：人员费	—	—	—	—	94.00

（续表）

项目 （万元）	2014 年	2015 年	2016 年	2017 年	2018 年
其中：经营税金	64. 30	66. 00	194. 10	101. 40	44. 30
3. 其他支出	12 664. 90	12 883. 90	4 317. 10	3 544. 90	6 991. 60
其中：人员费	—	—	—	—	3 399. 70
其中：离退休人员费用	9 160. 10	10 295. 10	2 653. 80	1 839. 90	2 119. 40

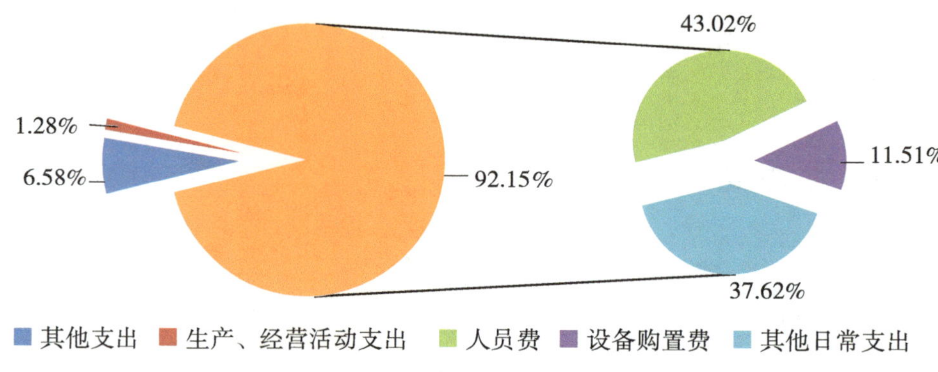

图 3-9　2018 年福建省属公益类科研院所经常费不同活动性质支出占比

科技活动支出超过 3 000 万元的有 10 家，1 000 万元以下的有 5 家。高于平均数 2 648. 14 万元的有 14 家，14 家支出占总数的 66. 59%。排名前三的是福建省计量科学研究院（11 734. 20 万元）、福建省水产研究所（8 134. 80 万元）、福建省海洋研究所（5 392. 00 万元）。2014—2018 年支出变化见图 3-10。

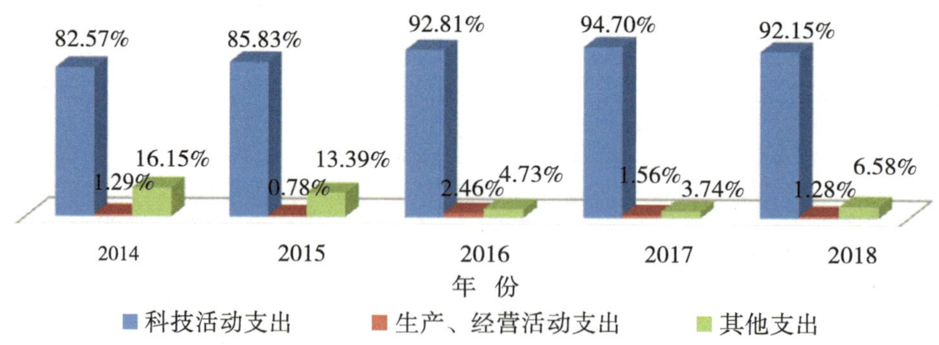

图 3-10　2014—2018 年福建省属公益类科研院所经常费不同活动性质支出变化

3.4.2 人均支出

2018 年，人均科技活动支出为 40.07 万元/人，比 2017 年增长 7.98%。其中人均人员费 18.71 万元/人，占 46.69%；人均设备购置费 5.00 万元/人，占 12.48%；人均其他日常支出 16.36 万元/人，占 40.83%（表 3-6、图 3-11）。

人均科技活动支出高于平均数 38.21 万元/人的有 17 家科研院所。排名前三的是福建省海洋研究所（96.29 万元/人）、福建师范大学地理研究所（71.96 万元/人）、福建省水产研究所（55.34 万元/人）。

表 3-6 2014—2018 年福建省属公益类科研院所人均科技活动支出构成

项目（万元/人）	2014 年	2015 年	2016 年	2017 年	2018 年
人均科技活动支出	27.28	34.64	36.48	37.11	40.07
其中：人均人员费	11.08	11.73	13.67	16.29	18.71
人均设备购置费	1.80	2.62	4.11	4.02	5.00
人均其他日常支出	14.40	20.29	18.69	16.81	16.36

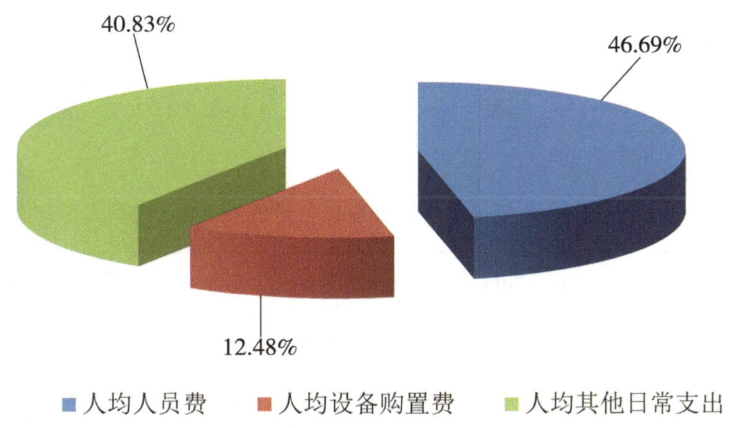

图 3-11 2018 年福建省属公益类科研院所人均科技活动支出构成占比

2014 年以来，人均科技活动支出、人均人员劳动报酬、人均设备购置费、人均其他日常支出年均增长率分别为 10.09%、13.99%、29.10%、3.24%，可见科研院所的各项人均科技活动支出均保持持续增长趋势。人均人员费占比和人均设备购置费占比显示为增长趋势，人均其他日常支出占比处于减少趋势（图 3-12）。

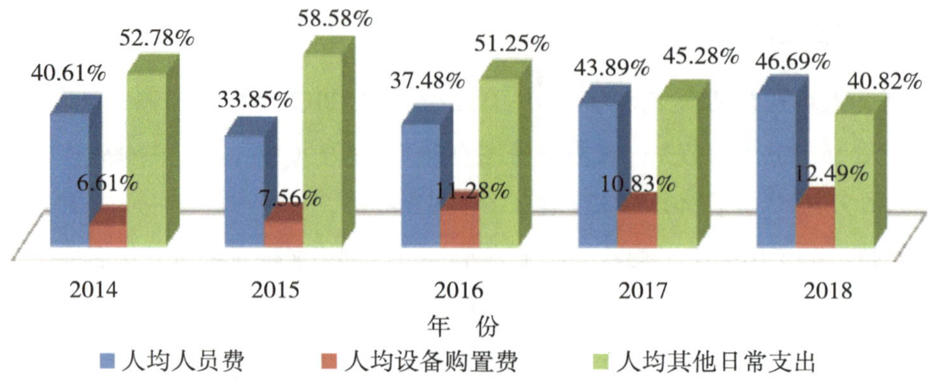

图 3-12　2014—2018 年福建省属公益类科研院所人均科技活动支出构成变化

3.5　R&D 经费

3.5.1　R&D 经费构成

R&D 经费包括 R&D 经费内部支出和 R&D 经费外部支出。

2018 年，R&D 经费内部支出为 97 839.00 万元，比 2017 年增长 88.89%。其中 R&D 经常费支出 62 739.90 万元，占 64.43%，是 R&D 经费内部支出主要部分；R&D 基本建设费 34 799.10 万元，占 35.57%。R&D 经费外部支出为 189.20 万元（表 3-7）。

表 3-7　2014—2018 年福建省属公益类科研院所 R&D 经费内部支出

项目 （万元/人）	2014 年	2015 年	2016 年	2017 年	2018 年
R&D 经费内部支出	39 900.30	36 168.90	48 225.70	51 798.00	97 839.00
1. R&D 经常费支出	36 109.60	33 497.80	45 925.10	49 254.80	63 039.90
按费用类别分：人员费	16 693.90	17 900.20	19 684.80	24 129.30	33 610.90
设备购置费	3 359.70	5 387.70	5 439.20	5 847.50	7 485.10
其他费用	16 056.00	10 209.90	20 801.10	19 278.00	21 943.90
按经费来源分：政府资金	33 402.60	30 282.60	39 193.00	42 569.30	55 232.80
企业资金	242.50	613.50	476.00	552.10	386.40
事业单位资金	2 140.20	2 366.10	5 983.70	5 805.20	7 313.40
国外资金	26.00	—	—	—	—
其他资金	298.30	235.60	272.40	328.20	107.30

（续表）

项目 （万元/人）	2014 年	2015 年	2016 年	2017 年	2018 年
按活动类型分：基础研究	3 557. 30	5 425. 20	6 832. 20	7 911. 80	8 993. 60
应用研究	9 307. 20	7 511. 10	10 347. 40	14 556. 70	14 595. 80
试验发展	23 245. 10	20 561. 50	28 745. 50	26 786. 30	39 450. 50
2. R&D 基本建设费	3 790. 70	2 671. 10	2 300. 60	2 543. 20	34 799. 10
R&D 经费外部支出	606. 40	380. 40	158. 00	22. 50	189. 20

在 R&D 经常费支出中，从费用类别分，人员费占 53. 32%，设备购置费占 11. 87%，其他费用占 34. 81%。从经费来源分，政府资金占 87. 62%，是主要来源渠道。从活动类型分，基础研究占 14. 27%，应用研究经费占 23. 15%，试验发展经费占 62. 58%，可见试验发展是科研院所主要的 R&D 经费活动类型（表 3-7）。

2014 年以来，R&D 经费内部支出年均增长率为 25. 14%。其中 R&D 经常费支出年均增长率为 14. 95%，R&D 基本建设费年均增长率为 74. 07%。基础研究、应用研究、试验发展经费年均增长率分别为 26. 10%、11. 91%、14. 14%，虽然基础研究在总经费中的占比较低，但其经费近年来增长速度最快（图 3-13）。

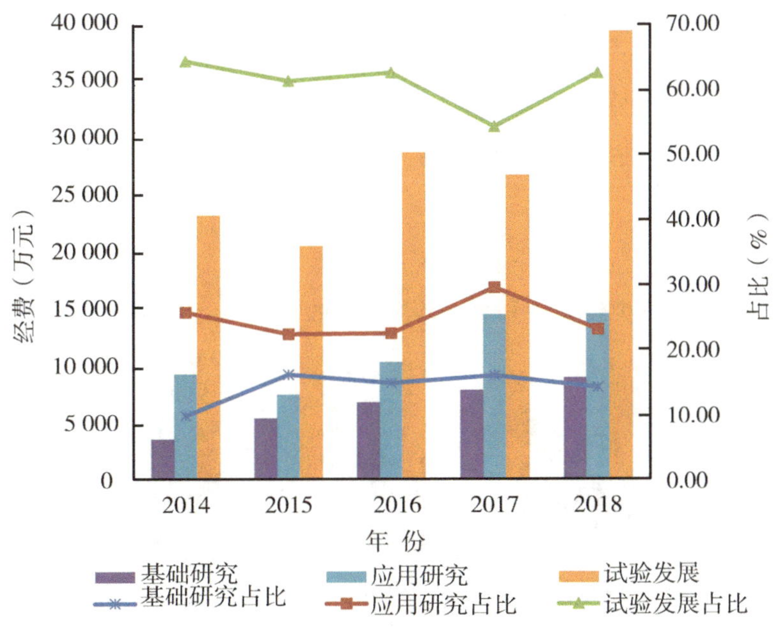

图 3-13　2014—2018 年福建省属公益类科研院所 R&D 经常费不同活动类型支出变化

3.5.2 人均 R&D 经费支出

2018 年，人均 R&D 经费内部支出为 40.02 万元/人，比 2017 年增长 46.53%。其中人均 R&D 经常费 25.78 万元/人，人均 R&D 基本建设费 14.23 万元/人。

按活动类型分，人均基础研究经费、人均应用研究经费和人均试验发展经费分别为 3.68 万元/人、5.97 万元/人、16.14 万元/人（表 3-8）。

表 3-8 2014—2018 年福建省属公益类科研院所人均 R&D 经费支出构成

项目 （万元/人）	2014 年	2015 年	2016 年	2017 年	2018 年
人均 R&D 经费内部支出	16.81	15.17	20.77	21.40	40.02
1. 人均 R&D 经常费支出	15.21	14.05	19.78	20.35	25.78
按活动类型分：人均基础研究经费	1.50	2.27	2.94	3.27	3.68
人均应用研究经费	3.92	3.15	4.46	6.02	5.97
人均试验发展经费	9.79	8.62	12.38	11.07	16.14
2. 人均 R&D 基本建设费支出	1.60	1.12	0.99	1.05	14.23
人均 R&D 经费外部支出	0.26	0.16	0.07	0.01	0.08

2014 年以来，R&D 经常费中人均基础研究经费、人均应用研究经费和人均试验发展经费的年均增长率分别为 25.15%、11.09%、13.31%，这三项内容人均占比近年来变化不大（图 3-14）。

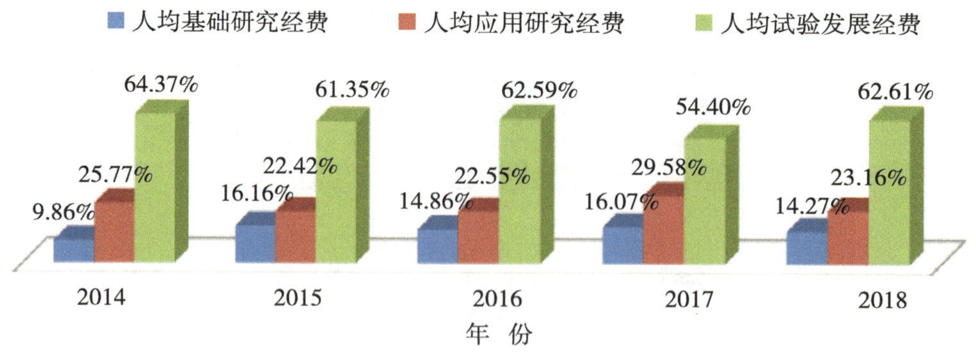

图 3-14 2014—2018 年福建省属公益类科研院所不同活动类型人均 R&D 经费支出变化

4 科技课题

4.1 在研科技课题

4.1.1 在研科技课题变化

科技课题是科研院所开展科技活动的主要形式，承担的科技课题类型和经费支出等指标反映了科研院所科技创新能力与水平。按活动类型，科技课题可分为基础研究、应用研究、试验发展、研究与发展成果应用、科技服务。

2018 年，共有在研科技课题2 187项，比 2017 年增加 6. 58%。其中试验发展比 2017 年增加 19. 60%，增加的数量最多。研究与发展成果应用比 2017 年减少 29. 96%，为减少数量最多的课题类型（表 4-1）。

科技课题经费内部支出反映了科技课题投入实际完成情况。2018 年，在研科技课题经费内部支出51 639. 58万元，比 2017 年增长 26. 90%。其中科技服务比 2017 年增长 57. 49%，是增长最快的课题类型。研究与发展成果应用比 2017 年降低 41. 00%，是唯一处于负增长的课题类型，且降低幅度较大（表 4-1）。

2014 年以来，在研科技课题总数量年均增长率为 4. 70%，2015 年增长幅度最大，为 12. 80%。其中基础研究年均增长率为 15. 03%，是增长速度最快的一类课题。应用研究、试验发展、科技服务年均增长率分别为 10. 16%、2. 47%、0. 63%。研究与发展成果应用年均增长率为-9. 15%（表 4-1、图 4-1）。

2014 年以来，在研科技课题经费内部支出年均增长率为 12. 03%，2016 年和 2018 年增长幅度最大。其中基础研究课题经费内部支出年均增长率为 28. 18%，是经费增长幅度最大的一类课题。应用研究、试验发展、科技服务课题经费内部支出年均增长率分别为

15.20%、15.28%和 15.02%。研究与发展成果应用课题经费内部支出年均增长率为 -14.90%（表 4-1、图 4-1）。

表 4-1　2014—2018 年福建省属公益类科研院所不同类型在研科技课题数量及经费变化

项目	2014 年		2015 年		2016 年		2017 年		2018 年	
课题数	数量（个）	增长率（%）	数量（个）	增长率（%）	数量（个）	增长率（%）	数量（个）	增长率（%）	数量（个）	增长率（%）
合计	1 820	—	2 053	12.80	2 105	2.53	2 052	-2.52	2 187	6.58
基础研究	257	—	352	36.96	411	16.76	398	-3.16	450	13.07
应用研究	383	—	454	18.54	432	-4.85	504	16.67	564	11.90
试验发展	653	—	602	-7.81	692	14.95	602	-13.01	720	19.60
研究与发展成果应用	254	—	325	27.95	221	-32.00	247	11.76	173	-29.96
科技服务	273	—	320	17.22	349	9.06	301	-13.75	280	-6.98
课题经费内部支出	经费（万元）	增长率（%）	经费（万元）	增长率（%）	经费（万元）	增长率（%）	经费（万元）	增长率（%）	经费（万元）	增长率（%）
合计	32 785.55	—	31 454.83	-4.06	39 947.18	27.00	40 692.5	1.87	51 639.58	26.90
基础研究	2 429.96	—	3 774.59	55.34	4 159.19	10.19	5 429.5	30.54	6 559.47	20.81
应用研究	4 922.33	—	5 191.86	5.48	5 875.01	13.16	6 945.83	18.23	8 668.27	24.80
试验发展	15 062.15	—	13 482.35	-10.49	16 806.79	24.66	18 372.07	9.31	26 598.39	44.78
研究与发展成果应用	6 766.54	—	5 593.56	-17.34	6 372.00	13.92	5 939.05	-6.79	3 504.14	-41.00
科技服务	3 604.57	—	3 412.47	-5.33	6 734.19	97.34	4 006.05	-40.51	6 309.31	57.49

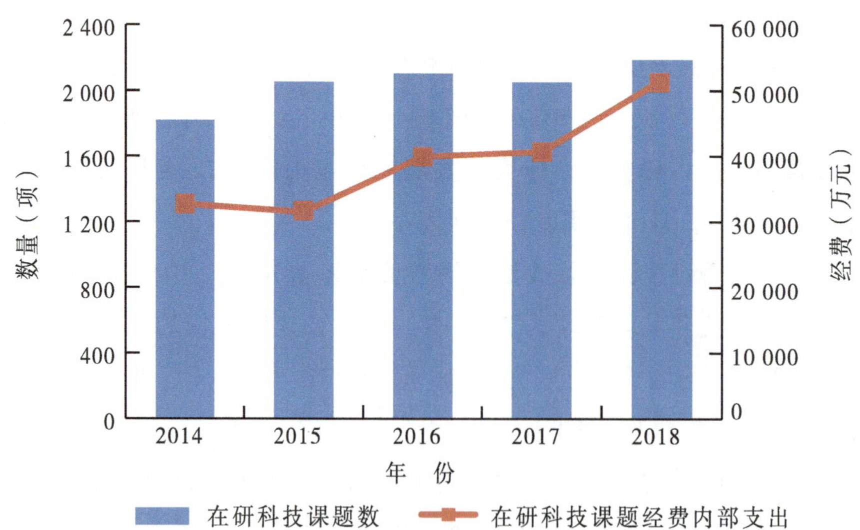

图 4-1　2014—2018 年福建省属公益类科研院所在研科技课题数量及经费变化

4.1.2 在研科技课题类型

2018 年，在研科技课题以试验发展、应用研究和基础研究为主，分别占 32.92%、25.79%和 20.58%，课题经费内部支出分别占总数的 51.51%、16.79%和 12.70%（表 4-2）。

表 4-2 2014—2018 年福建省属公益类科研院所不同类型在研科技课题数量及经费构成

项目	2014 年		2015 年		2016 年		2017 年		2018 年	
课题数	数量（个）	比例（%）	数量（个）	比例（%）	数量（个）	比例（%）	数量（个）	比例（%）	数量（个）	比例（%）
合计	1 820	—	2 053	—	2 105	—	2 052	—	2 187	—
基础研究	257	14.12	352	17.15	411	19.52	398	19.40	450	20.58
应用研究	383	21.04	454	22.11	432	20.52	504	24.56	564	25.79
试验发展	653	35.88	602	29.32	692	32.87	602	29.34	720	32.92
研究与发展成果应用	254	13.96	325	15.83	221	10.50	247	12.04	173	7.91
科技服务	273	15.00	320	15.59	349	16.58	301	14.67	280	12.80
课题经费内部支出	经费（万元）	比例（%）	经费（万元）	比例（%）	经费（万元）	比例（%）	经费（万元）	比例（%）	经费（万元）	比例（%）
合计	32 785.55	—	31 454.83	—	39 947.18	—	40 692.50	—	51 639.58	—
基础研究	2 429.96	7.41	3 774.59	12.00	4 159.19	10.41	5 429.50	13.34	6 559.47	12.70
应用研究	4 922.33	15.01	5 191.86	16.51	5 875.01	14.71	6 945.83	17.07	8 668.27	16.79
试验发展	15 062.15	45.94	13 482.35	42.86	16 806.79	42.07	18 372.07	45.15	26 598.39	51.51
研究与发展成果应用	6 766.54	20.64	5 593.56	17.78	6 372.00	15.95	5 939.05	14.59	3 504.14	6.79
科技服务	3 604.57	10.99	3 412.47	10.85	6 734.19	16.86	4 006.05	9.84	6 309.31	12.22

2018 年，在研科技课题经费内部支出为51 639.58万元。其中政府资金47 582.20万元，占 92.14%，是科技课题经费内部支出的主要部分。科技课题经费内部支出中试验发展占 51.51%，是内部经费活动支出最多的一类课题。从科技课题经费内部支出中政府资金比例看，基础研究、应用研究、试验发展、研究与发展成果应用的政府资金支出比例在 91.19%~97.37%，科技服务类课题中政府资金支出比例为 82.65%（表 4-2、表 4-3、图 4-2）。

2014 年以来，在研科技课题中基础研究和应用研究占比年均增长率处于增长趋势，分别为 9.88%和 5.22%。试验发展、研究与发展成果应用和科技服务占比年均增长率处于递减状态，分别为-2.13%、-13.24%和-3.89%。

2014 年以来，在研科技课题经费内部支出中，仅研究与发展成果应用经费内部支出占比年均增长率为-24.27%，基础研究、应用研究、试验发展和科技服务的经费内部支出占比年均增长率分别为 14.41%、2.84%、2.90%和 2.69%。

表 4-3　2018 年福建省属公益类科研院所不同类型在研科技课题经费支出

项目	课题经费内部支出（万元）	其中：政府资金（万元）	政府资金比例（%）
合计	51 639.58	47 582.20	92.14
基础研究	6 559.47	6 387.27	97.37
应用研究	8 668.27	8 347.84	96.30
试验发展	26 598.39	24 255.02	91.19
研究与发展成果应用	3 504.14	3 377.19	96.38
科技服务	6 309.31	5 214.88	82.65

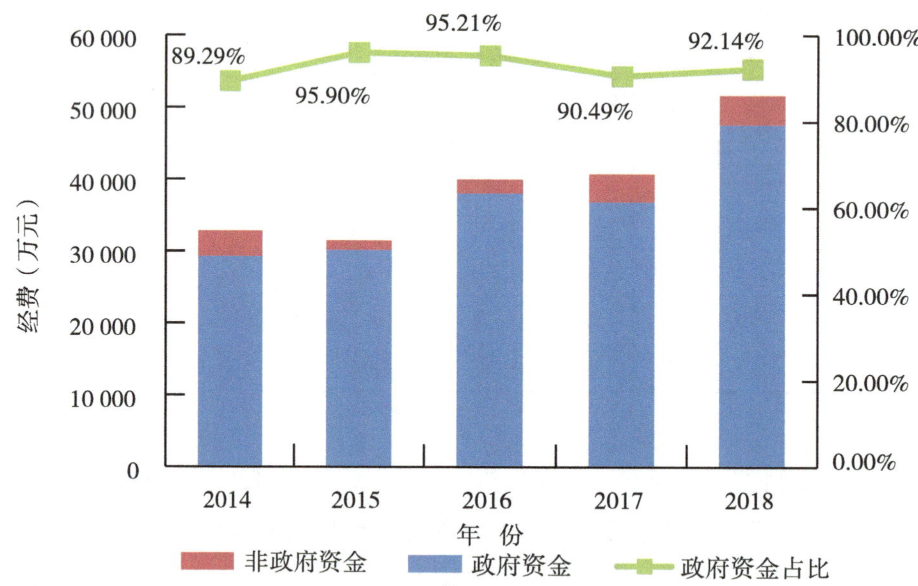

图 4-2　2014-2018 年福建省属公益类科研院所在研科技课题经费内部支出变化

4.1.3　人均在研科技课题

2018 年，人均在研科技课题和人均在研科技课题经常费内部支出为 0.89 项/人和

21.12 万元/人，分别比 2017 年增长 5.49%和 25.60%（表 4-4）。人均在研科技课题经费内部支出中，试验发展 10.88 万元/人，是人均经费支出最多的一类课题。研究与发展成果应用最少，仅 1.43 万元/人（图 4-3）。

表 4-4 2014—2018 年福建省属公益类科研院所人均在研科技课题数量和经费支出变化

项目	2014 年		2015 年		2016 年		2017 年		2018 年	
人均在研科技课题数量	数量（项/人）	增长率（%）	数量（项/人）	增长率（%）	数量（项/人）	增长率（%）	数量（项/人）	增长率（%）	数量（项/人）	增长率（%）
	0.77	—	0.86	12.28	0.91	5.31	0.85	-6.47	0.89	5.49
人均在研科技课题经费内部支出	经费（万元/人）	增长（%）	经费（万元/人）	增长（%）	经费（万元/人）	增长（%）	经费（万元/人）	增长（%）	经费（万元/人）	增长（%）
	13.81	—	13.19	-4.50	17.20	30.44	16.82	-2.26	21.12	25.60

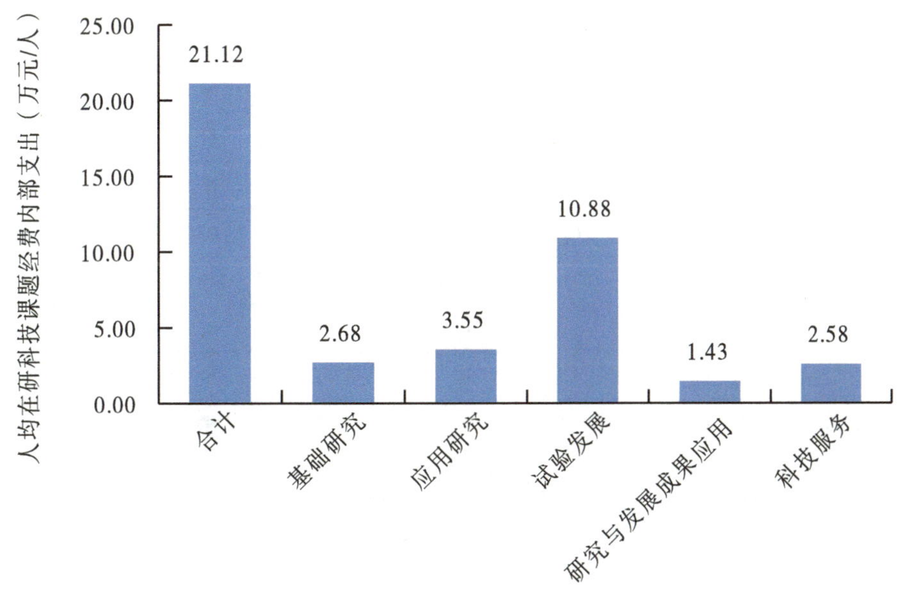

图 4-3 2018 年福建省属公益类科研院所人均在研科技课题经费支出构成

2014 年以来，人均在研科技课题和人均在研科技课题经常费内部支出均保持增长趋势，年均增长率分别为 3.69%和 11.21%。

4.2 在研 R&D 课题

4.2.1 在研 R&D 课题概况

科学研究与试验发展（R&D 活动）主要是增进知识，以及运用这些知识创造新应用，所进行的系统的、创造性的工作。

2018 年，共承担在研 R&D 课题1 734项，比 2017 年增加 15.29%。其中地方科技项目最多，1 168项，比 2017 年增加 14.29%。自选科技项目增长最快，比 2017 年增加 30.69%（表 4-5）。

表 4-5　2014—2018 年福建省属公益类科研院所不同来源在研 R&D 课题数量及经费变化

项目	2014 年		2015 年		2016 年		2017 年		2018 年	
课题数	数量（个）	增长率（%）	数量（个）	增长率（%）	数量（个）	增长率（%）	数量（个）	增长率（%）	数量（个）	增长率（%）
合计	1 293	—	1 408	8.89	1 535	9.02	1 504	-2.02	1 734	15.29
国家科技项目	308	—	306	-0.65	187	-38.89	187	0.00	191	2.14
地方科技项目	662	—	783	18.28	1 102	40.74	1 022	-7.26	1 168	14.29
企业委托科技项目	66	—	60	-9.09	5	-91.67	49	880.00	59	20.41
自选科技项目	185	—	173	-6.49	170	-1.73	189	11.18	247	30.69
国际合作科技项目	8	—	3	-62.50	1	-66.67	1	0.00	0	-100.00
其他科技项目	64	—	83	29.69	70	-15.66	70	0.00	79	12.86
课题经费内部支出	经费（万元）	增长率（%）	经费（万元）	增长率（%）	经费（万元）	增长率（%）	经费（万元）	增长率（%）	经费（万元）	增长率（%）
合计	22 414.44	—	22 454.00	0.18	26 840.99	19.54	30 747.40	14.55	41 826.13	36.03
国家科技项目	10 706.20	—	9 888.29	-7.64	8 203.44	-17.04	9 327.12	13.70	11 358.16	21.78
地方科技项目	9 209.35	—	9 233.13	0.26	15 908.47	72.30	17 951.36	12.84	23 848.60	32.85
企业委托科技项目	335.18	—	317.89	-5.16	27.02	-91.50	204.20	655.74	430.49	110.82
自选科技项目	1 246.01	—	1 521.51	22.11	1 615.96	6.21	2 390.33	47.92	4 672.96	95.49
国际合作科技项目	156.39	—	62.01	-60.35	6.96	-88.78	8.30	19.25	0.00	-100.00
其他科技项目	761.31	—	1 431.17	87.99	1 079.14	-24.60	950.91	-11.88	1 725.47	81.45

2018 年，在研 R&D 课题经费内部支出41 826. 13万元，比 2017 年增加 36. 03%。其中地方科技项目经费内部支出最多，为23 848. 60万元，比 2017 年增加 32. 85%。企业委托科技项目增长最快，比 2017 年增加 110. 82%（表 4-5）。

2014 年以来，在研 R&D 课题年均增长率 7. 61%，2018 年增长幅度最大（15. 29%）。其中地方科技项目年均增长率为 15. 25%，增长最快。国家科技项目年均增长率为 -11. 26%（表 4-5、图 4-4）。

2014 年以来，在研 R&D 课题经费内部支出年均增长率为 16. 88%，2018 年增长幅度最大（36. 03%）。其中经费内部支出年均增长率最快的为自选科技项目，为 39. 16%，2018 年增长幅度最大（95. 49%）。地方科技项目经费内部支出年均增长率为 26. 86%，排名第二，2016 年增长幅度最大（72. 30%）。国家科技项目经费内部支出年均增长率为 1. 49%（表 4-5、图 4-4）。

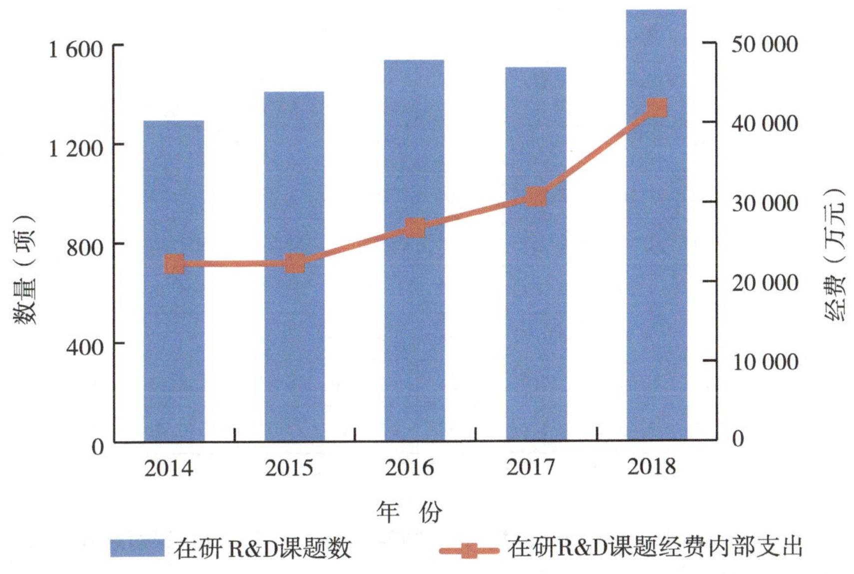

图 4-4　2014—2018 年福建省属公益类科研院所在研 R&D 课题数量及经费变化

4. 2. 2　在研 R&D 课题来源

2018 年，在研 R&D 课题以地方科技项目为主，占 67. 36%；其 R&D 课题经费内部支出占 57. 02%，为经费支出最多的课题。国际科技合作项目为 0（表 4-6）。

2018 年，在研 R&D 课题经费内部支出为41 826. 13万元。其中政府资金38 990. 13万元，占93.22%，是R&D课题经费内部支出的主要部分。从科技课题经费内部支出中政府资金比例看，地方科技项目和自选科技项目的政府资金支出比例较高（表4-6、表4-7、图4-5）。

表4-6　2014—2018年福建省属公益类科研院所不同来源在研R&D课题数量及经费构成

项目	2014年		2015年		2016年		2017年		2018年	
课题数	数量（个）	比例（%）	数量（个）	比例（%）	数量（个）	比例（%）	数量（个）	比例（%）	数量（个）	比例（%）
合计	1 293	—	1 408	—	1 535	—	1 504	—	1 734	—
国家科技项目	308	23.82	306	21.73	187	12.18	187	12.43	191	11.01
地方科技项目	662	51.20	783	55.61	1 102	71.79	1 022	67.95	1 168	67.36
企业委托科技项目	66	5.10	60	4.26	5	0.33	49	3.26	59	3.40
自选科技项目	185	14.31	173	12.29	170	11.07	189	12.57	247	14.24
国际合作科技项目	8	0.62	3	0.21	1	0.07	1	0.07	0	0.00
其他科技项目	64	4.95	83	5.89	70	4.56	70	4.65	79	4.56
课题经费内部支出	经费（万元）	比例（%）	经费（万元）	比例（%）	经费（万元）	比例（%）	经费（万元）	比例（%）	经费（万元）	比例（%）
合计	22 414.44	—	22 454.00	—	26 840.99	—	30 747.40	—	41 826.13	—
国家科技项目	10 706.20	47.76	9 888.29	44.04	8 203.44	30.56	9 327.12	30.33	11 358.16	27.16
地方科技项目	9 209.35	41.09	9 233.13	41.12	15 908.47	59.27	17 951.36	58.38	23 848.60	57.02
企业委托科技项目	335.18	1.50	317.89	1.42	27.02	0.10	204.20	0.66	430.49	1.03
自选科技项目	1 246.01	5.56	1 521.51	6.78	1 615.96	6.02	2 390.33	7.77	4 672.96	11.17
国际合作科技项目	156.39	0.70	62.01	0.28	6.96	0.03	8.30	0.03	0.00	0.00
其他科技项目	761.31	3.40	1 431.17	6.37	1 079.14	4.02	950.91	3.09	1 725.47	4.13

表4-7　2018年福建省属公益类科研院所不同来源在研R&D课题经费支出

项目	课题经费内部支出（万元）	其中：政府资金（万元）	政府资金比例（%）
合计	41 826.13	38 990.13	93.22
国家科技项目	11 358.16	9 603.16	84.55
地方科技项目	23 848.60	23 253.37	97.50
企业委托科技项目	430.49	4.00	0.93
自选科技项目	4 672.96	4 611.46	98.68
国际合作科技项目	0.00	0.00	0.00
其他科技项目	1 725.47	1 512.04	87.63

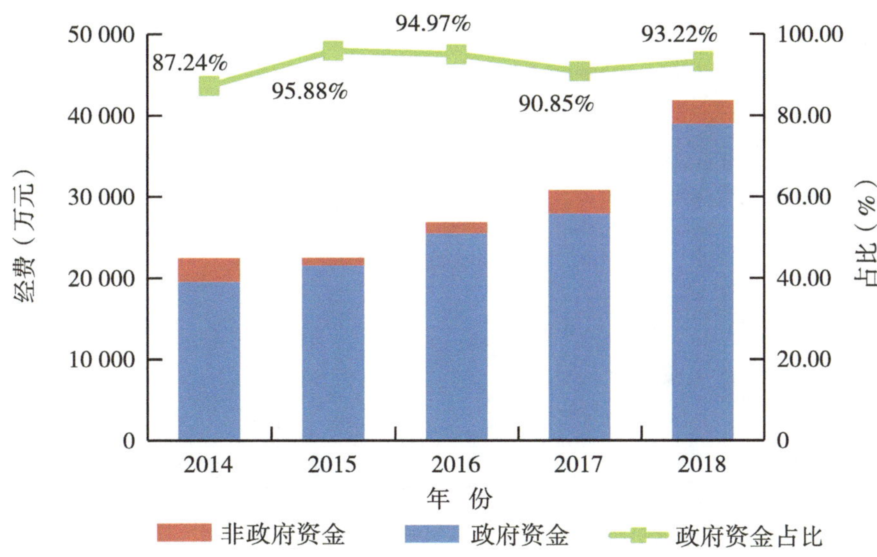

图 4-5 2014—2018 年福建省属公益类科研院所在研 R&D 课题经费内部支出变化

2014 年以来，在研 R&D 课题中仅地方科技项目占比处于增长趋势，为 7.10%。其余科技项目占比年均增长率处于递减状态。

2014 年以来，在研 R&D 课题经费内部支出中，地方科技项目、自选科技项目和其他科技项目支出占比的年均增长率为 8.54%、19.06%、4.98%。国家科技项目、企业委托科技项目和国际合作科技项目支出占比的年均增长率为-13.16%、-8.97%、-100%。

4.2.3 人均在研 R&D 课题

2018 年，人均在研 R&D 课题和人均在研 R&D 课题经常费内部支出为 0.71 项/人和 17.11 万元/人，分别比 2017 年增长 0.14%和 34.64%（表4-8）。人均在研科技课题经费内部支出中，地方科技项目 9.75 万元/人，是人均经费支出最多的一类课题。国际合作科技项目为 0（图 4-6）。

表 4-8 2014—2018 年福建省属公益类科研院所人均在研 R&D 课题数量和经费支出变化

项目	2014 年		2015 年		2016 年		2017 年		2018 年	
人均在研 R&D 课题数量	数量（项/人）	增长率（%）	数量（项/人）	增长率（%）	数量（项/人）	增长率（%）	数量（项/人）	增长率（%）	数量（项/人）	增长率（%）
	0.54	—	0.59	8.39	0.66	11.98	0.62	-5.99	0.71	0.14
人均在研 R&D 课题经费内部支出	经费（万元/人）	增长（%）	经费（万元/人）	增长（%）	经费（万元/人）	增长（%）	经费（万元/人）	增长（%）	经费（万元/人）	增长（%）
	9.44	—	9.41	-0.29	11.56	22.78	12.71	0.10	17.11	34.64

2014 年以来，人均在研 R&D 课题数量和人均在研 R&D 课题经常费内部支出均保持增长趋势，年均增长率分别为 7. 08%和 16. 03%。

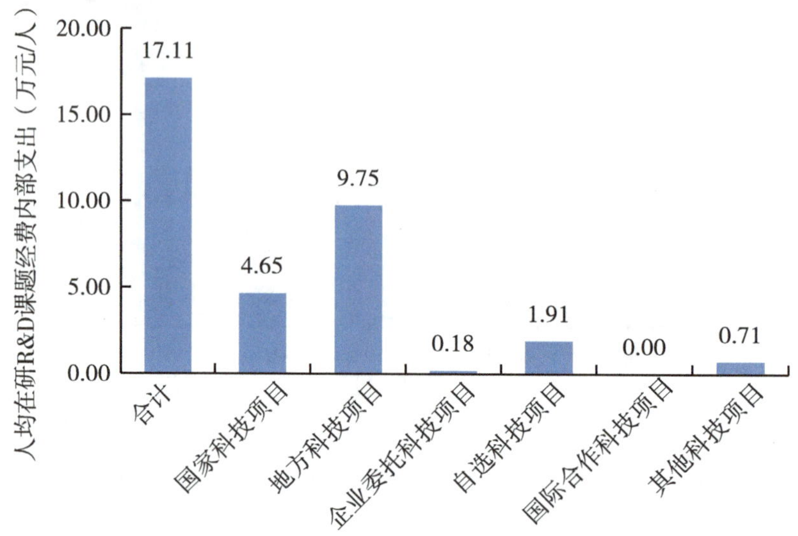

图 4-6　2018 年福建省属公益类科研院所人均在研 R&D 课题经费支出构成

4. 3　新增科技课题

4. 3. 1　新增科技课题来源

2018 年，新增科技课题 820 项。其中国家科技课题 93 项，占 11. 34%；地方科技课题 448 项，占 54. 63%；其他科技课题 279 项，占比 34. 02%（图 4-7、表 4-9）。

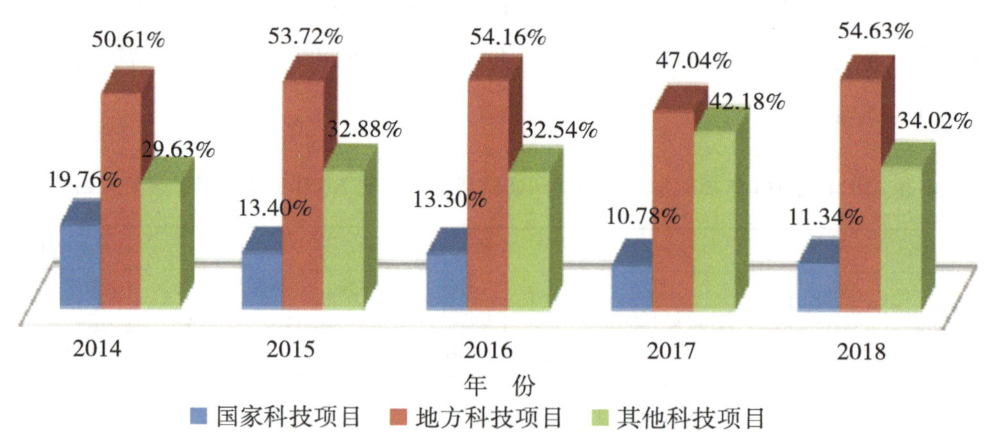

图 4-7　2014—2018 年福建省属公益类科研院所不同来源新增科技课题占比

表 4-9　2014—2018 年福建省属公益类科研院所不同来源新增科技课题数量及合同金额变化

项目	2014 年		2015 年		2016 年		2017 年		2018 年	
课题数	数量（项）	增长率（%）	数量（项）	增长率（%）	数量（项）	增长率（%）	数量（项）	增长率（%）	数量（项）	增长率（%）
合计	820	—	888	8.29	842	-5.18	844	0.24	820	-2.84
国家科技课题	162	—	119	-26.54	112	-5.88	91	-18.75	93	2.20
地方科技课题	415	—	477	14.94	456	-4.40	397	-12.94	448	12.85
其他科技课题	243	—	292	20.16	274	-6.16	356	29.93	279	-21.63
课题合同金额	经费（万元）	增长率（%）	经费（万元）	增长率（%）	经费（万元）	增长率（%）	经费（万元）	增长率（%）	经费（万元）	增长率（%）
合计	27 439.30	—	23 745.10	-13.46	24 087.86	1.44	37 136.69	54.17	20 663.89	-44.36
国家科技课题	8 109.40	—	9 403.10	15.95	11 543.63	22.76	8 796.71	-23.80	5 960.00	-32.25
地方科技课题	14 510.80	—	10 709.70	-26.19	10 036.91	-6.28	20 966.15	108.89	10 788.49	-48.54
其他科技课题	4 819.10	—	3 632.30	-24.63	2 507.32	-30.97	7 373.83	194.09	3 915.40	-46.90

新增课题合同金额20 663.89万元。其中新增国家级课题合同金额为5 960.00万元，占28.84%；新增地方级课题合同金额10 788.49万元，占 52.21%；新增其他课题合同金额3 915.40万元，占 18.95%（表 4-9、图 4-8）。

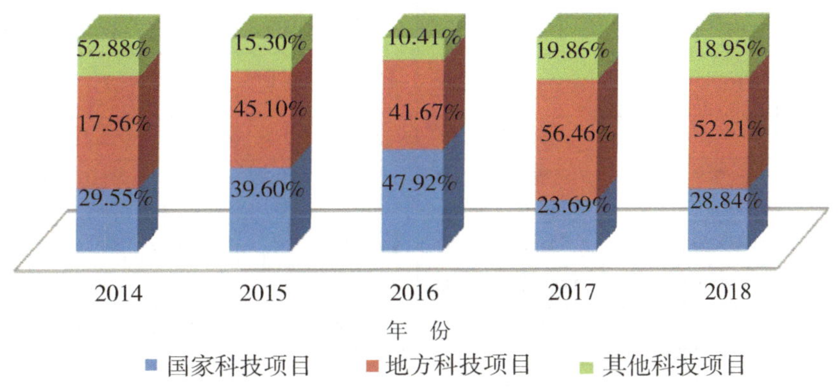

图 4-8　2014—2018 年福建省属公益类科研院所不同来源新增科技课题合同金额构成变化

平均新增课题 22.16 项/家，高于平均水平的有 17 家科研院所。排名前三的是福建海洋研究所（64 项）、福建省农业科学院作物研究所（64 项）、福建省农业科学院畜牧兽医研究所（61 项）。

平均新增课题合同金额 558.48 万元/家，高于平均水平的有 11 家科研院所。排名前三的是福建省农业科学院作物研究所（3 521. 30万元）、福建海洋研究所（3 427. 70万元）、福建省农业科学院畜牧兽医研究所（1 100. 00万元）。

2014 年以来，新增国家科技课题呈现降低趋势，年均增长率为-12. 96%。新增地方科技课题和其他科技课题年均增长率分别为 1. 93%和 3. 51%。各种来源的新增课题合同金额均呈现减少趋势，总年均增长率为-6. 84%。

4. 3. 2 新增科技课题类型

2018 年，新增科技课题中基础研究类 127 项，占 15. 49%；应用研究类 198 项，占 24. 15%；试验发展类 250 项，占 30. 49%；研究与试验发展成果应用类 73 项，占 8. 90%；技术推广与科技服务类 172 项，占 20. 98%（表 4-10）。

表 4-10 2014—2018 年福建省属公益类科研院所不同类型新增科技课题数量及合同金额构成

课题数	数量（个）	增长率（%）	数量（个）	增长率（%）	数量（个）	增长率（%）	数量（个）	增长率（%）	数量（个）	增长率（%）
合计	820	—	888	8. 29	842	-5. 18	844	0. 24	820	-2. 84
基础研究	87	—	142	63. 22	128	-9. 86	112	-12. 50	127	13. 39
应用研究	204	—	224	9. 80	156	-30. 36	181	16. 03	198	9. 39
试验发展	268	—	178	-33. 58	248	39. 33	210	-15. 32	250	19. 05
研究与试验发展成果应用	100	—	149	49. 00	91	-38. 93	117	28. 57	73	-37. 61
技术推广与科技服务	161	—	195	21. 12	219	12. 31	224	2. 28	172	-23. 21
课题合同金额	经费（万元）	增长率（%）	经费（万元）	增长率（%）	经费（万元）	增长率（%）	经费（万元）	增长率（%）	经费（万元）	增长率（%）
合计	27 439. 30	—	23 745. 10	-13. 46	24 087. 86	1. 44	37 136. 69	54. 17	20 663. 89	-44. 36
基础研究	1 947. 10	—	3 698. 80	89. 96	2 682. 64	-27. 47	2 893. 70	7. 87	2 551. 20	-11. 84
应用研究	4 079. 70	—	3 173. 30	-22. 22	2 748. 09	-13. 40	4 426. 79	61. 09	2 996. 66	-32. 31
试验发展	10 170. 30	—	8 423. 80	-17. 17	13 196. 11	56. 65	19 410. 54	47. 09	8 952. 93	-53. 88
研究与试验发展成果应用	8 101. 70	—	5 752. 10	-29. 00	1 903. 55	-66. 91	7 031. 95	269. 41	1 758. 00	-75. 00
技术推广与科技服务	3 140. 50	—	2 697. 10	-14. 12	3 557. 47	31. 90	3 373. 71	-5. 17	4 405. 10	30. 57

合同金额中基础研究类2 551. 20万元，占 12. 35%；应用研究类2 996. 66万元，占 14. 50%；试验发展类8 952. 93万元，占 43. 33%；研究与试验发展成果应用类1 758. 00万元，占 8. 51%；技术推广与科技服务类4 405. 10万元，占比 21. 32%（表 4-10）。

2014 年以来，仅基础研究类和技术推广与科技服务类新增科技课题和合同金额总体处于增长趋势，其他类型新增课题无论在数量还是合同金额均处于减少趋势。其中基础研究类课题年均增长率为 9. 92%，合同金额年均增长率为 6. 99%。技术推广和科技服务类课题年均增长率为 1. 67%，合同金额年均增长率为 8. 83%。

4. 3. 3 新增科技课题合作形式

2018 年，新增科技课题中主要以独立研究为主，共 669 项，占 81. 59%。合作研究共 123 项，占比 15. 00%，可见科研院所在课题合作上仍有待加强（表 4-11）。

表 4-11 2018 年福建省属公益类科研院所不同合作形式新增科技课题数量

项目	合计	与境外机构合作	与国内高校合作	与国内独立研究机构合作	与境内注册的外商独资企业合作	与境内注册的其他企业合作	独立研究	其他
数量（项）	820	0	19	22	2	80	669	28
占比（%）	—	0	2. 32	2. 68	0. 24	9. 76	81. 59	3. 41

4. 3. 4 人均新增科技课题

2018 年，人均新增科技课题 0. 34 项/人（表 4-12）。高于平均水平的有 16 家科研院所，排名前三的是福建海洋研究所（1. 14 项/人）、福建师范大学地理研究所（1. 13 项/人）、福建省农业科学院作物研究所（1. 07 项/人）。

人均新增科技课题合同金额 8. 45 万元/人（表 4-12）。高于平均水平的有 11 家科研院所，排名前三的是福建海洋研究所（61. 21 万元/人）、福建省农业科学院作物研究所（58. 69 万元/人）、福建师范大学地理研究所（26. 11 万元/人）。

2014 年以来，人均新增科技课题和人均新增科技课题合同金额年均增长率分别为 -0. 72%和-7. 54%。

表 4-12 2014—2018 年福建省属公益类科研院所人均新增科技课题数量和经费支出变化

项目	2014 年	2015 年	2016 年	2017 年	2018 年
人均新增科技课题数量（项/人）	0. 35	0. 37	0. 36	0. 35	0. 34
人均新增科技课题合同金额（万元/人）	11. 56	9. 96	10. 37	15. 35	8. 45

5 科技平台与科学仪器设备

5.1 科技创新平台

科技创新平台是围绕目标，根据科学前沿发展、区域战略需要以及产业创新发展需要，开展应用基础研究、行业产业共性关键技术开发、科技成果转化及产业化、科技资源共享服务等科技创新活动的重要载体。根据《国家科技创新基地优化整合方案》，可分为科学与工程研究、技术创新与成果转化、基础支撑与条件保障3类。

截至2018年，共有22家科研院所承担66个科技创新平台的建设任务。科学与工程研究类创新平台23个（其中国家级3个），技术创新与成果转化类创新平台28个（其中国家级4个），基础支撑与条件保障类创新平台15个（表5-1）。

表5-1 截至2018年福建省属公益类科研院所科技创新平台建设情况

平台名称	依托单位	审批部门	审批时间（年）
科学与工程研究类			
水稻国家工程实验室	福建省农业科学院水稻研究所	国家发展和改革委员会	2011
湿润亚热带山地生态重点实验室	福建师范大学地理研究所	国家科学技术部	2014
福建省作物种质创新与分子育种重点实验室	福建省农业科学院水稻研究所	国家科学技术部	2008
福建省作物分子育种工程实验室	福建省农业科学院水稻研究所	福建省发展和改革委员会	2006
福建省禽病防治重点实验室	福建省农业科学院畜牧兽医研究所	福建省科学技术厅	2015
福建省作物有害生物监测与治理重点实验室	福建省农业科学院植物保护研究所	福建省科学技术厅	2015
福建省经络感传重点实验室	福建省中医药研究院	福建省科学技术厅	2015
福建省中医睡眠医学重点实验室	福建省中医药研究院	福建省科学技术厅	2015

（续表）

平台名称	依托单位	审批部门	审批时间（年）
福建省海岛与海岸带管理技术研究重点实验室	福建海洋研究所	福建省科学技术厅	2013
福建省农产品(食品)加工重点实验室	福建省农业科学院农业工程技术研究所	福建省科学技术厅	2013
福建省红壤山地农业生态过程重点实验室	福建省农业科学院农业生态研究所	福建省科学技术厅	2013
福建省海洋生物增养殖与高值化利用重点实验室	福建省水产研究所	福建省科学技术厅	2013
福建省能源计量重点实验室	福建省计量科学研究院	福建省科学技术厅	2010
福建省信息网络工程重点实验室	福建省科学技术信息研究所	福建省科学技术厅	2008
福建省森林培育与林产品加工利用重点实验室	福建省林业科学研究院	福建省科学技术厅	2008
福建省医学测试重点实验室	福建省医学科学研究院	福建省科学技术厅	2008
福建省环境工程重点实验室	福建省环境科学研究院	福建省科学技术厅	2008
福建省农业遗传工程重点实验室	福建省农业科学院生物技术研究所	福建省科学技术厅	2008
福建新药(微生物)筛选实验室	福建省微生物研究所	福建省科学技术厅	2008
华南杂交水稻种质创新与分子育种重点实验室	福建省农业科学院水稻研究所	国家农业部	2011
南方山地用材林培育国家林业局重点实验室	福建省林业科学研究院	国家林业局	1995
经络研究重点研究室	福建省中医药研究院	国家中医药管理局	2009
针灸生理实验室(三级)	福建省中医药研究院	国家中医药管理局	2009
技术创新与成果转化类			
海洋生物种业技术国家地方联合工程研究中心	福建省水产研究所	国家发展和改革委员会	2017
微生物新药研制技术国家地方联合工程研究中心	福建省微生物研究所	国家发展和改革委员会	2017
微生物菌剂开发与应用国家地方联合工程研究中心	福建省农业科学院农业生物资源研究所	国家发展和改革委员会	2016
特色食用菌繁育与栽培国家地方联合工程研究中心	福建省农业科学院食用菌研究所	国家发展和改革委员会	2013
福建省兽用疫苗工程研究中心	福建省农业科学院畜牧兽医研究所	福建省发展和改革委员会	2018
福建省红曲微生物技术开发应用工程研究中心	福建省微生物研究所	福建省发展和改革委员会	2017
福建省食品生物发酵技术工程研究中心	福建省农业科学院农业工程技术研究所	福建省发展和改革委员会	2017
福建省落叶果树工程技术研究中心	福建省农业科学院果树研究所	福建省科学技术厅	2017
福建省农产品发酵加工工程技术研究中心	福建省农业科学院农业工程技术研究所	福建省科学技术厅	2017

（续表）

平台名称	依托单位	审批部门	审批时间（年）
福建省特色旱作物品种选育工程技术研究中心	福建省农业科学院作物研究所	福建省科学技术厅	2017
福建省木麻黄工程技术研究中心	福建省林业科学研究院	福建省科学技术厅	2016
福建省茶树育种工程技术研究中心	福建省农业科学院茶叶研究所	福建省科学技术厅	2015
福建省地力培育工程技术研究中心	福建省农业科学院土壤肥料研究所	福建省科学技术厅	2015
福建省陆地灾害监测评估工程技术研究中心	福建师范大学地理研究所	福建省科学技术厅	2013
福建省蔬菜工程技术研究中心	福建省农业科学院作物研究所	福建省科学技术厅	2012
福建省特色花卉工程技术研究中心	福建省农业科学院作物研究所	福建省科学技术厅	2012
福建省丘陵地区循环农业工程技术研究中心	福建省农业科学院农业生态研究所	福建省科学技术厅	2013
福建省农业生物药物工程技术研究中心	福建省农业科学院农业生物资源研究所	福建省科学技术厅	2010
福建省水产病害防治工程技术研究中心	福建省农业科学院生物技术研究所	福建省科学技术厅	2013
福建省食用菌工程技术研究中心	福建省农业科学院食用菌研究所	福建省科学技术厅	2009
福建省农作物害虫天敌资源工程技术研究中心	福建省农业科学院植物保护研究所	福建省科学技术厅	2008
福建省山地草业工程技术研究中心	福建省农业科学院农业生态研究所	福建省科学技术厅	2005
福建省农作物品种抗性工程技术研究中心	福建省农业科学院植物保护研究所	福建省科学技术厅	2005
福建省龙眼枇杷育种工程技术研究中心	福建省农业科学院果树研究所	福建省科学技术厅	2004
福建省畜禽疫病防治工程技术研究中心	福建省农业科学院畜牧兽医研究所	福建省科学技术厅	2004
福建省杂交水稻育种工程技术研究中心	福建省农业科学院水稻研究所	福建省科学技术厅	2004
福建省水稻转基因育种工程技术研究中心	福建省农业科学院生物技术研究所	福建省科学技术厅	2002
杉木工程技术研究中心	福建省林业科学研究院	国家林业局	2013
基础支撑与条件保障类			
福建省科技文献资源共享服务平台	福建省科学技术信息研究所	福建省科学技术厅	2014
福建省海上环境调查监测技术公共服务平台	福建海洋研究所	福建省科学技术厅	2013
福建省农村科技信息资源共享与服务平台	福建省农业科学院	福建省科学技术厅	2013
福建省茶树种质资源共享平台	福建省农业科学院茶叶研究所	福建省科学技术厅	2013
福建中药种质资源保护利用与共享平台	福建省农业科学院农业生物资源研究所	福建省科学技术厅	2013
福建省武夷山生物多样性研究信息资源共享平台	福建省武夷山生物研究所	福建省科学技术厅	2013
闽侯农田生态系统福建省野外科学观测研究站	福建省农业科学院土壤肥料研究所	福建省科学技术厅	2018

（续表）

平台名称	依托单位	审批部门	审批时间（年）
福建茶树及乌龙茶加工科学观测实验站	福建省农业科学院茶叶研究所	国家农业部	2011
福州农业环境科学观测实验站	福建省农业科学院农业生态研究所	国家农业部	2011
东南区域农业微生物资源利用科学观测实验站	福建省农业科学院农业生物资源研究所	国家农业部	2011
福建耕地保育科学观测实验站	福建省农业科学院土壤肥料研究所	国家农业部	2011
作物基因资源与种质创制福建科学观测实验站	福建省农业科学院水稻研究所	国家农业部	2011
南方薯类科学观测实验站	福建省农业科学院作物研究所	国家农业部	2011
福州热带作物科学观测实验站	福建省农业科学院农业生物资源研究所	国家农业部	2010
福州作物有害生物科学观测实验站	福建省农业科学院植物保护研究所	国家农业部	2010

5.2　科技服务平台

截至2018年，共有20家科研院所承担30个科技服务平台工作。其中品种改良和加工中心6个，检验检测（计量）平台15个，查新咨询平台3个，资格认定平台3个，科技合作基地3个（表5-2）。

表5-2　截止2018年福建省属公益类科研院所科技服务平台建设情况

平台名称	依托单位	审批部门	审批时间（年）
品种改良和加工中心			
国家热带水果改良中心福州龙眼分中心	福建省农业科学院果树研究所	国家农业部	2015
国家茶树改良中心福建分中心	福建省农业科学院茶叶研究所	国家农业部	2014
国家水稻改良中心福州分中心	福建省农业科学院水稻研究所	国家农业部	2000
国家红萍资源中心（国家红萍品种资源圃）	福建省农业科学院农业生态研究所	国家农业部	1987
国家海水鱼类加工技术研发分中心	福建省水产研究所	国家农业部	2010
国家食用菌加工技术研发分中心	福建省农业科学院农业工程技术研究所	国家农业部	2008
检验检测（计量）平台			
全国名特优新农产品营养品质评价鉴定机构	福建省农业科学院农业质量标准与检测技术研究所	国家农业农村部	2018

（续表）

平台名称	依托单位	审批部门	审批时间（年）
植物新品种测试福州分中心	福建省农业科学院作物研究所	国家农业部	2017
农产品质量安全风险评估实验站	福建省水产研究所	国家农业部	2014
渔业产品质量监督检验测试中心（厦门）	福建省水产研究所	国家农业部	2012
农产品质量安全监督检验测试中心	福建省水产研究所	国家农业部	2012
农产品质量安全风险评估（福州）实验室	福建省农业科学院农业质量标准与检测技术研究所	国家农业部	2011
福建省职业危害检测与鉴定实验室	福建省安全生科学研究院	国家应急管理部	2008
林产品质量检验检测中心（福州）	福建省林业科学研究院	国家林业局	2013
国家光伏产业计量测试中心	福建省计量科学研究院	国家市场监督管理总局	2013
国家蒸汽流量计产品质量监督检验中心	福建省计量科学研究院	国家市场监督管理总局	2010
国家城市能源计量中心（福建）	福建省计量科学研究院	国家市场监督管理总局	2008
省级中药原料质量监测技术服务中心	福建省中医药研究院	国家中医药管理局	2014
机械工业农机及泵类产品质量检测中心（福州）	福建省农业机械化研究所	中国合格评定国家认可委员会	2009
认可实验室	福建省农业科学院农业质量标准与检测技术研究所	中国合格评定国家认可委员会	2007
ABSL-3 实验室	福建省农业科学院畜牧兽医研究所	中国合格评定国家认可委员会	2006
查新咨询平台			
查新检索中心	福建省农业科学院农业经济与科技信息研究所	福建省科学技术厅	1998
福建省科技查新中心	福建省科学技术信息研究所	福建省科学技术厅	1995
医药卫生科技项目查新咨询单位	福建省医学科学研究院	国家卫生健康委员会	2002
资格认定平台			
农药环境安全评价中心	福建省农业科学院植物保护研究所	国家农业部	2015
农药登记试验单位	福建省农业科学院果树研究所	国家农业部	2014
药物临床试验机构	福建省中医药研究院	国家市场监督管理总局	2013
科技合作基地			
福建省闽台科技合作基地	福建省水产研究所	福建省科学技术厅	2015
福建省闽台科技合作基地	福建省中医药研究院	福建省科学技术厅	2015
海西农业微生物菌剂国际科技合作基地	福建省农业科学院农业生物资源研究所	国家科学技术部国际合作司	2015

5.3 科技期刊平台

截至2018年，共有15家科研院所主办（承办）16种科技期刊的出版工作。其中季刊5种，双月刊7种，月刊4种（表5-3）。

表5-3 截至2018年福建省属公益类科研院所主办(承办)的科技期刊情况

刊名	主办(承办)单位	主管单位	创刊时间	刊期
安全与健康	福建省安全生产科学研究院	福建省安全生产委员会	1986	月刊
质量技术监督研究	福建省标准化研究院	福建省质量技术监督局	1983	双月刊
福建分析测试	福建省测试技术研究所	福建省科学技术厅	1992	双月刊
情报探索	福建省科学技术情报学会、福建省科学技术信息研究所	福建省科学技术协会	1981	月刊
福建林业科技	福建省林业科学研究院、福建林业学会	福建省林业局	1974	季刊
福建农业学报	福建省农业科学院	福建省农业科学院	1986	月刊
福建农业科技	福建省农业科学院、福建省农学会	福建省农业科学院	1970	月刊
茶叶学报	福建省农业科学院茶叶研究所	福建省农业科学院	1960	季刊
福建畜牧兽医	福建省农业科学院畜牧兽医研究所、福建省畜牧兽医学会等	福建省农业科学院	1979	双月刊
东南园艺	福建省农业科学院果树研究所、福建省农业厅种植业管理局	福建省农业科学院	1973	双月刊
台湾农业探索	福建省农业科学院农业经济与科技信息研究所	福建省农业科学院	1984	双月刊
福建稻麦科技	福建省农业科学院水稻研究所	福建省农业科学院	1993	季刊
福建热作科技	福建省热带作物科学研究所、福建省热带作物学会等	福建省农业农村厅	1975	季刊
渔业研究	福建省水产研究所、福建省水产学会	福建省海洋与渔业局	1972	双月刊
福建医药杂志	中华医学会福建分会(主办)、福建省医学科学研究院(承办)	福建省卫生健康委员会	1979	双月刊
亚热带资源与环境学报	福建师范大学地理研究所	福建师范大学	1986	季刊

5.4　固定资产与科学仪器设备

5.4.1　固定资产

截至2018年，年末固定资产原价为151 210.40万元。其中科研房屋建筑物54 294.10万元，占35.91%；科学仪器设备74 693.90万元，占49.40%（表5-4）。

2014年以来，固定资产处于递增趋势，年均增长率为8.67%。其中科研房屋建筑物年均增长率为19.13%，科学仪器设备年均增长率为12.99%。

表5-4　2014—2018年福建省属公益类科研院所固定资产情况

项目	2014年	2015年	2016年	2017年	2018年
年末固定资产原价（万元）	108 414.50	106 364.40	112 098.30	126 854.40	151 210.40
其中：科研房屋建筑物（万元）	26 959.00	38 057.10	37 987.90	40 701.70	54 294.10
科学仪器设备（万元）	45 830.00	51 649.30	59 121.70	66 311.90	74 693.90
其中：进口（万元）	17 431.10	19 855.10	20 062.80	14 584.50	22 043.40
人均科研仪器设备（万元/人）	19.30	21.66	25.46	27.40	30.55

5.4.2　科学仪器设备

截至2018年，科学仪器设备数量达到28 528台（套），设备原值74 693.90万元。单价100万元以上科学仪器设备数量61台（套），设备原值16 112.50万元（表5-5）。

表5-5　2018年福建省属公益类科研院所科研仪器设备情况

项目（台/套）	科学仪器设备数量	其中：当年新增	单价100万元以上科学仪器设备数	其中：当年新增
2018年	28 528	1 745	61	8
项目（台/套）	科学仪器设备数量	其中：当年新增	单价100万元以上科学仪器设备数	其中：当年新增
2018年	74 693.90	9 007.20	16 112.50	1 541.40

截至 2018 年，平均科学仪器设备经费为2 018. 75万元/家，高于平均水平的有 9 家科研院所。排名前三的是福建省计量科学研究院（19 497. 00万元）、福建省水产研究所（7 746. 10万元）、福建省微生物研究所（3 921. 20万元）。

截至 2018 年，人均科研仪器设备经费 30. 55 万元/人，高于人均水平的有 12 家科研院所。排名前三的为福建省计量科学研究院（68. 65 万元/人）、福建省水产研究所（52. 69 万元/人）、福建省计划生育科学技术研究所（52. 02 万元/人）。

6 科技研发成果

6.1 获奖科研成果①

2018年，共有14个项目获2018年度福建省“科学技术进步奖”，其中一等奖3项，二等奖5项，三等奖6项。福建省农业科学院植物保护研究所张艳璇研究员获2018年度福建省“科技重大贡献奖”（表6-1、表6-2）。

表6-1 2014—2018年福建省属公益类科研院所获“福建省科学技术奖”情况

年度	福建省科学技术奖			科学技术重大成果奖（人）
	一等奖	二等奖	三等奖	
2014	1	8	9	1
2015	2	10	12	0
2016	4	5	8	0
2017	1	6	6	0
2018	3	5	6	1

表6-2 福建省属公益类科研院所获“2018年福建省科学技术奖”情况

序号	项目名称	完成单位	完成人	获奖等级
科技重大贡献奖（1人）				
1	张艳璇（福建省农业科学院植物保护研究所）			
科技进步奖（14项）				
1	南方林木重要害虫生防真菌资源开发与防控技术创新应用	福建省林业科学研究院、福建农林大学、尤溪县森林病虫害防治检疫站、福建省林业有害生物防治检疫局、明溪县森林病虫害防治检疫站	何学友、邱君志、蔡守平、詹祖仁、王玲萍、黄金水、杨希、蔡国贵、曾丽琼、林曦碧	一等奖

① 获奖科研成果只统计“省部级以上政府部门颁发的奖励”，且只统计科研院所为第一单位的奖项。

（续表）

序号	项目名称	完成单位	完成人	获奖等级
2	番鸭呼肠孤病毒病活疫苗创制及应用	福建省农业科学院畜牧兽医研究所	陈少莺、胡奇林、程晓霞、林锋强、陈仕龙、江斌、程由铨、朱小丽、王劭、陈美光	一等奖
3	小菜蛾抗药性适合度代价及药剂减量增效技术研究与应用	福建省农业科学院植物保护研究所、福建农林大学、山东惠民中联生物科技有限公司、漳州绿州农业发展股份有限公司	魏辉、顾晓军、田厚军、陈艺欣、陈勇、游泳、陈丽玲、张学军、赵建伟、黄卫刚	一等奖
4	莲雾良种选育及产业化配套技术研究与应用	福建省农业科学院果树研究所、福建省亚热带植物研究所、福建省农业科学院农业工程技术研究所	许家辉、魏秀清、谢志南、章希娟、赖瑞云、许玲、陆东和	二等奖
5	长粒优质杂交水稻泰丰优 2098 等 7 个品种选育与应用	福建省农业科学院水稻研究所、广东省农业科学院水稻研究所	涂诗航、周鹏、王丰、郑轶、董瑞霞、游晴如、张水金	二等奖
6	黄秋葵种质资源挖掘与创新利用	福建省农业科学院亚热带农业研究所、福建省农业科学院作物研究所	洪建基、余文权、赖正锋、曾日秋、邱珊莲、姚运法、练冬梅	二等奖
7	丝瓜耐褐变育种技术创新与新品种选育	福建省农业科学院作物研究所、福州市蔬菜科学研究所	温庆放、陈铫、朱海生、薛珠政、花秀凤、李永平、刘建汀	二等奖
8	高优低镉姬松茸新品种“福姬 77”选育与产业化关键技术	福建省农业科学院科技干部培训中心、福建农林大学国家菌草工程技术研究中心、福建省农业科学院农业生态研究所、福建省农业科学院土壤肥料研究所、福建省食用菌技术推广总站、中国农业科学院农业资源与农业区划研究所	雷锦桂、刘朋虎、王义祥、肖淑霞、胡清秀、叶菁、任丽花	二等奖
9	杏鲍菇高值化加工及综合利用技术创新与应用	福建省农业科学院农业工程技术研究所	陈君琛、赖谱富、李怡彬、郑恒光、黄大松	三等奖
10	养殖污水的安全利用阈值与调控关键技术研究及集成应用	福建省农业科学院农业工程技术研究所、福建工程学院、福建莆田鸿达牧业有限公司、福州大学	陈彪、牛佳、魏云华、黄婧、肖艳春	三等奖
11	鲜食黄桃品种选育及产业化关键技术研究与集成推广	福建省农业科学院果树研究所、建宁县绿源果业有限公司、建宁县经济作物技术推广站	黄新忠、张长和、陈小明、宁仲根、张诚	三等奖
12	无患子种质资源收集评价与产业化关键技术应用	福建省农业科学院果树研究所、福建源华林业生物科技有限公司、福建省源容生物科技有限公司、福建三明林业学校	姜翠翠、叶新福、卢新坤、翁学煌、范繁荣	三等奖
13	鹤望兰种质创新与产业化应用	福建省农业科学院作物研究所、福建荣信环境建设集团有限公司	钟淮钦、樊荣辉、林兵、黄敏玲、叶秀仙	三等奖
14	平潭岛雨洪资源高效利用关键技术	福建省水利水电科学研究院、中国科学院地理科学与资源研究所、济南大学	吴泽华、曲丽英、林明财、康辉平、张新民	三等奖

有8项标准获“2018年福建省标准贡献奖”，其中二等奖4项，三等奖2项（表6-3）。

表6-3 福建省属公益类科研院所获“2018年福建省标准贡献奖”情况

序号	标准项目名称	福建省主要完成单位	福建省主要完成人	奖励等级
1	罗非鱼无乳链球菌病双重PCR诊断规程（DB35/T 1354—2013）	福建省淡水水产研究所、顺昌县水产技术推广站	樊海平、吴斌、张新艳、邓志武、郑磊、钟全福、曾占壮	二等奖
2	茶树主要害虫测报与生态防控技术规程（DB35/T 1497—2015）	福建省农业科学院茶叶研究所、福建农林大学应用生态研究所、福建省农业厅农产品质量安全监管处	吴光远、曾明森、王庆森、尤民生、杨广、黄佳佳、刘丰静、王定锋、李慧玲、张辉	二等奖
3	烟叶和烟叶提取物中茄尼醇的测定高效液相色谱法（GB/T 31758—2015）	福建省农业科学院农业质量标准与检测技术研究所、福建省三明金叶复烤有限公司、福建中烟工业有限责任公司	潘葳、刘文静、罗钦、张望兴、谢卫、刘泽春、黄朝章、张建平、涂杰峰、余华	二等奖
4	地理信息地理信息权限表达语言（G/T 33184—2016）	福建师范大学地理研究所	李新通	二等奖
5	政府工作部门行政许可规范（DB35/T 1630—2016）	福建省标准化研究院、福建省质量技术监督局行政服务中心	程军、谢丹、王彬彬、董婷婷、林孟朝、余真、李海晏、张熙物、叶明云、梁静、林祎闽、王海瀛、程晓明、张毅瑜	三等奖
6	微生物发酵床大栏养猪技术规范（DB35/T 1543—2015）	福建省农业科学院、福建省标准化研究院	刘波、余文权、程晓明、王彬彬、黄勤楼、唐建阳、蓝江林、朱育菁、史怀、陈华、陈峥、翁佳华	三等奖

福建省师范大学地理研究所有2项论文成果分别获“福建省第十二届社会科学优秀成果奖”二等奖和三等奖（表6-4）。

表 6-4　福建省属公益类科研院所获“福建省第十二届社会科学优秀成果奖”情况

序号	成果名称	成果形式	完成单位	成果作者	获奖等级
1	Is there an Environmental Kuznets Curve for SO_2 emissions? A semi-parametric panel data analysis for China（中国 SO_2 排放环境库茨涅茨曲线关系研究——基于半参数面板数据模型分析）	论文	福建师范大学地理研究所	王远、韩蓉	二等奖
2	国内人口迁移流动的演变趋势：国际经验及其对中国的启示	论文	福建师范大学地理研究所	朱宇、林李月、柯文前	三等奖

6.2　申请与授权专利

6.2.1　申请专利

2018 年，共有 28 家科研院所专利申请数 468 件（其中第二申请单位 12 件），其中发明专利申请 392 件，占 83.76%（表 6-5）。

表 6-5　2016—2018 年福建省属公益类科研院所专利申请与授权情况

项目（件）	2016 年	2017 年	2018 年
专利申请受理数	507	545	468
其中：发明专利	339	392	392
实用新型	167	148	74
外观设计	1	5	2
专利授权数	250	189	268
其中：发明专利	105	82	109
实用新型	144	104	155
外观设计	1	3	4

注：2016—2018 年专利申请数中有 20 件专利为两家院所共同所有，专利授权数中有 10 件专利为两家院所共同所有。共同所有专利仅统计 1 次。

平均每家科研院所专利申请受理数 16.71 件，高于平均水平的有 11 家院所，有 9 家院所没有申请专利。排名前三的是福建省农业科学院畜牧兽医研究所（59 件，其中发明专利 42 件）、福建省农业科学院植物保护研究所（53 件，其中发明专利 47 件）、福建省农业科学院农业工程技术研究所（41 件，其中发明专利 39 件）。

人均专利申请排名前三的是福建省农业科学院亚热带农业研究所（1.19 件/人）、福建省农业科学院植物保护研究所（0.84 件/人）、福建省农业科学院农业工程技术研究所（0.69 件/人）。

截至 2018 年，共有有效专利 979 件（其中第二申请单位 28 件），其中发明专利 530 件，实用新型专利 429 件，外观设计专利 12 件。

据统计,2018 年无国外授权专利。有 13 家院所的 29 件专利所有权进行转让及许可,共产生收入 347.5 万元,与 2016 年和 2017 年相比,有较大幅度增长。29 件专利中,有 20 件来自福建省农业科学院下属的 11 家研究所,专利转化收入最好的前三家院所分别是福建省农业科学院食用菌研究所(100 万元)、福建省林业科学院(68 万元)、福建省农业科学院作物研究所(45 万元)。近三年,福建省属公益类科研院所专利申请与授权处于相对稳定状态。

6.2.2 授权专利

2018 年，共有 28 家省属公益类科研院所获得专利授权 268 件（其中第二申请单位 9 件），其中发明专利授权 109 件，占 40.76%（表 6-5）。

平均每家科研院所专利授权数 9.57 件，高于平均水平的有 10 家院所，有 9 家院所没有授权专利。排名前三的是福建省农业科学院畜牧兽医研究所（42 件，其中发明专利授权 7 件）、福建省农业科学院植物保护研究所（39 件，其中发明专利 24 件）、福建省农业科学院果树研究所（32 件，其中发明专利 9 件）。

人均专利授权数排名前三的是福建省农业科学院植物保护研究所（0.62 件/人）、福建省农业科学院亚热带农业研究所（0.53 件/人）、福建省农业科学院畜牧兽医研究所（0.47 件/人）。

6.3 审（认、鉴）定新品种

2018 年，共有 6 家科研院所获审（认、鉴）定新品种以及登记新品种 59 项（其中第一单位 49 项）。其中国家级 12 项，省级 47 项。福建省农业科学院作物研究所和福建省农业科学院生物技术研究所共同选育 1 项“省级品种审定”。福建省林业科学院和福建省农业科学院果树研究所共同选育 1 项“省级品种审定”（表 6-6、表 6-7）。

表 6-6 2016—2018 年福建省属公益类科研院所审（认、鉴）定新品种情况

项目	2016 年	2017 年	2018 年
国家品种审定	2	3	5
国家品种鉴定	4	0	0
国家品种登记	0	0	7
省级品种审定	28	30	47
省级品种认定	13	1	0
省级品种鉴定	0	2	0

注：共同选育品种只统计排名最前的科研院所，1 项品种仅统计 1 次。

表 6-7 2018 年福建省属公益类科研院所审(认、鉴)定新品种分布

院所名称	国家品种审定（个）	国家品种登记（个）	省级品种审定（个）
福建省林业科学研究院	—	—	17
福建省农业科学院畜牧兽医研究所	1	—	—
福建省农业科学院果树研究所	2	—	1
福建省农业科学院生物技术研究所	—	—	2
福建省农业科学院水稻研究所	1	—	23
福建省农业科学院作物研究所	1	7	4

注：只统计 37 家和科研院所为第一单位的新品种。

6.4 制定标准

2018 年，共产生 34 项各级标准。其中国家标准 8 项（其中第一起草单位 2 项），行业标准 6 项（其中第一起草单位 4 项），地方标准 20 项（其中第一起草单位 9 项）（表 6-8）。

共有 10 家科研院所作为第一起草单位制定 15 项各级标准。福建省水产研究所和福建省淡水水产研究所共同起草行业标准 1 项，分别排名第一和第三。福建省淡水水产研究所与福建省农业机械化研究所共同起草地方标准 1 项，分别排名第一和第三（表 6-9）。

表 6-8　2016—2018 年福建省属公益类科研院所标准制定情况

项目（项）	2016 年	2017 年	2018 年
国家标准	4	13	8
行业标准	1	1	6
地方标准	30	27	20

注：共同制定标准只统计排名最前的科研院所，1 项标准仅统计 1 次。

表 6-9　2018 年福建省属公益类科研院所间标准制定分布

院所名称	国家标准(项)	行业标准(项)	地方标准(项)
福建省计量科学技术研究院	1	—	1
福建省水产研究所	—	1	1
福建省淡水水产研究所	—		1
福建省农业科学院果树研究所	—	2	1
福建省农业科学院农业生态研究所	—	—	1
福建省标准化研究院	1	—	—
福建省测试技术研究所	—	1	—
福建省环境科学研究院	—	—	2
福建省农业科学院植物保护研究所	—	—	1
福建省农业科学院农业质量标准与检测技术研究所	—	—	1

注:只统计 37 家科研院所为第一单位的标准。

6.5　论文与著作

2018 年，共发表科技论文1 250篇，平均每家院所 33.78 篇。其中 SCI 153 篇，占

12.24%；被国内三大核心期刊源收录376篇，占30.08%（表6-10）。

平均每家科研院所发表科技论文33.78篇，高于平均水平的有16家院所，有3家院所没有发表论文。发表科技论文数量排名前三位的是福建师范大学地理研究所（140篇）、福建省农业科学院畜牧兽医研究所（110篇）、福建省计量科学技术研究院（83篇）。

表6-10 2016—2018年福建省属公益类科研院所论文和论著情况

项目	2016年	2017年	2018年
发表科技论文（篇）	1 238	1 247	1 250
其中：SCI	117	143	153
SSCI	1	0	1
国内三大核心期刊源收录	394	373	376
出版科技著作（本）	13	19	21
其中：专著	4	2	4
译著	1	0	0
编著	8	17	17

注：科技论文只统计37家科研院所科技人员为“第一作者”的论文（SCI收录统计“第一作者或通讯作者”的论文）。国内三大核心期刊源是指中文核心、中国科学引文数据库（CSCD）、中文社会科学索引（CSSCI）。每篇科技论文只统计一次，按最高级别统计。科技著作只统计本单位科技人员为“第一作者”的著作。

共有21家科研院所发表有SCI，其中福建师范大学地理研究所发表49篇，占32.03%（其中SCIⅠ区有36篇）。福建省农业科学院植物保护研究所18篇（其中SCIⅠ区有6篇），福建省农业科学院畜牧兽医研究所17篇（其中SCIⅠ区有2篇）。

国内三大核心期刊源收录排名前三的是福建师范大学地理研究所（51篇）、福建省农业科学院作物研究所（38篇）、福建省农业科学院畜牧兽医研究所（34篇）。

人均发表科技论文排名前三的是福建师范大学地理研究所（4.67篇/人）、福建省农业科学院亚热带农业研究所（1.75篇/人）、福建省农业科学院畜牧兽医研究所（1.22篇/人）。

2018年，共有11家科研院所出版21本著作，其中专著4本，编著17本。福建师范大学地理研究所和福建省农业科学院畜牧兽医研究所均出版4本著作，并列第1（表

6-11）。

表 6-11　2018 年福建省属公益类科研院所论著分布

单位名称	科技论著			
	数量（本）	排名	其中：专著	其中：编著
福建师范大学地理研究所	4	1	2	2
福建省农业科学院畜牧兽医研究所	4	1	0	4
福建省农业科学院亚热带农业研究所	2	2	1	1
福建省林业科学研究院	2	2	1	1
福建省中医药研究院	2	2	0	2
福建省水产研究所	2	2	0	2
福建省农业科学院果树研究所	1	3	0	1
福建省农业科学院植物保护研究所	1	3	0	1
福建省农业科学院农业质量标准与检测技术研究所	1	3	0	1
福建省农业科学院农业生态研究所	1	3	0	1
厦门大学抗癌研究中心	1	3	0	1

6.6　其他知识产权

2018 年，共获得 7 件植物新品种授权，均由福建省农业科学院水稻研究所单独获得。有 10 家科研院所获 23 件计算机软件著作权（其中 1 件为第二著作权人）。共获得 5 件商标权，均由福建省水产研究所单独获得（表 6-12、表 6-13）。

表 6-12　2016—2018 年福建省属公益类科研院所其他知识产权情况

项目（件）	2016 年	2017 年	2018 年
植物新品种授权数	12	12	7
计算机软件著作授权数	12	13	23
商标权	1	4	5

表 6-13　2018 年福建省属公益类科研院所其他知识产权分布

公益类科研院所	植物新品种权授予数(项)	计算机软件著作权数(件)	商标权(件)
福建省计量科学研究院	—	1	—
福建省林业科学研究院	—	1	—
福建省农业科学院农业经济与科技信息研究所	—	2	—
福建省农业机械化研究所	—	1	—
福建省农业科学院畜牧兽医研究所	—	1	—
福建省农业科学院农业工程技术研究所	—	6	—
福建省农业科学院农业生态研究所	—	1	—
福建省农业科学院农业质量标准与检测技术研究所	—	4	—
福建省农业科学院水稻研究所	7	—	—
福建省农业科学院植物保护研究所	—	5	—
福建省水产研究所	—	—	5
福建师范大学地理研究所	—	1	—

7 科技成果转化与科技服务

7.1 科技成果转化与产业化

科技成果转化是指技术开发、转让、咨询及服务等活动，体现科研院所科技创新与产业发展联系紧密程度，以及创造的社会经济效益。

2018 年，37 家福建省属公益类科研院所科技成果转化合同金额为11 977.54万元。其中技术开发占 5.00%，技术转让占 18.61%，技术咨询占 19.26%，技术服务占 57.13%（表 7-1）。

表 7-1 2016—2018 年福建省属公益类科研院所科技成果转化情况

项目	2016 年		2017 年		2018 年	
	合同金额(万元)	增长率(%)	合同金额(万元)	增长率(%)	合同金额(万元)	增长率(%)
技术开发	449.71	—	434.49	-3.38	599.02	37.87
技术转让	595.54	—	1 312.83	120.44	2 229.13	69.80
技术咨询	1 248.68	—	2 120.56	69.82	2 307.16	8.80
技术服务	6 245.91	—	7 303.39	16.93	6 842.23	-6.31
合计	8 539.84	—	11 171.27	30.81	11 977.54	7.22
人均科技成果转化	3.68	—	4.62	25.52	4.90	6.12

共有 32 家院所产生科技成果转化。排外前三的是福建海洋研究所（2 945.91万元）、福建省环境科学研究院（1 696.06万元）、福建省微生物研究所（1 046.69万元），这 3 家院所科技成果转化合同金额占总数的 37.49%。有 5 家院所当年没有科技成果转化。

人均科技成果转化合同金额 4.90 万元/人。排名前三的是福建海洋研究所（52.61 万元/人）、福建省环境科学研究院（23.56 万元/人）、福建省农业科学院食用菌研究所

（15.08万元/人）。高于人均平均水平（4.90万元/人）的有8家院所。

近三年来，科技成果转化合同金额年均增长率为18.10%。其中技术转让合同金额年均增长速度最快，达93.47%，这与近年来科研院所积极的科技成果转化政策有很大关系。技术开发年均增长率为15.41%，虽然其合同金额总量不大，基本维持在500万元左右，但技术开发将是今后科研院所最具发展潜力且应重视的科技成果转化方式。技术咨询和技术服务合同金额年均增长率分别为35.93%和4.66%，技术服务近年来增长的空间比较有限。人均科技成果转化合同金额年均增长率为15.39%。

7.2　科技服务与产业联系

2018年，37家省属公益类科研院所科技服务活动工作量合计948人·年。其中科技成果的示范性推广工作占22.15%，为社会和公众提供的检验、检疫、测试、标准化、计量、计算、质量控制和专利服务占19.62%，其他科技服务活动占19.20%，科技培训工作占15.19%，为用户提供可行性报告、技术方案、建议及进行技术论证等技术咨询工作占12.34%，科技信息文献服务占9.60%，地形、地质和水文考察、天文、气象和地震的日常观察占0.63%（表7-2）。

表7-2　2014—2018年福建省属公益类科研院所科技服务情况

项目（人·年）	2014年	2015年	2016年	2017年	2018年
科技人员参加对外科技服务活动工作量合计	1 233	903	1 342	1 306	948
其中：科技成果的示范性推广工作	284	276	239	233	210
为用户提供可行性报告、技术方案、建议及进行技术论证等技术咨询工作	173	138	263	176	117
地形、地质和水文考察、天文、气象和地震的日常观察	3	3	5	5	6
为社会和公众提供的检验、检疫、测试、标准化、计量、计算、质量控制和专利服务	326	140	396	423	186
科技信息文献服务	89	92	82	84	91
提供孵化、平台搭建等科技服务活动	—	—	—	—	12
其他科技服务活动	91	119	225	215	182
科技培训工作	267	135	132	170	144

共有36家院所开展科技服务活动，工作量排名前三的是福建省林业科学研究院，达87人·年，占9.18%；福建省计量科学研究院，达75人·年，占7.91%；福建省科学技术信息研究所达68人·年，占7.17%。科技服务工作量少于10人·年的科研院所有6家，其中有1家院所没有科技服务工作。高于平均水平（25.62人·年）的有17家院所。

8　基本科研专项运行情况

8.1　项目背景

2008年，为进一步推进福建省属公益类科研机构管理体制改革，不断增强其科技创新和公益服务能力，福建省科技厅和福建省财政厅、福建省委编办、福建省人事厅联合制订了《关于加大对公益类科研机构稳定支持的若干意见》（闽科政〔2008〕39号），提出稳定支持公益类科研机构改革和发展的系列政策意见，每年安排2 000万元用于设立“科研院所基本科研经费专项”（以下简称“基本科研专项”或“专项”），从2009年开始执行。2009—2011年，每年安排2 000万元。2012—2013年，因拨款渠道变化，从省科技厅转到省财政厅，基本科研专项经费没有科技计划立项。

2013年，《福建省人民政府关于进一步支持省属科研机构加快创新发展的若干意见》（闽政〔2013〕28号）中明确提出，“从2014年起，每年安排省属公益类科研院所基本科研专项4 000万元，用于稳定支持省属科研机构开展自主选题研究和科技创新平台建设”。因此2014年开始又恢复原拨款与立项渠道，每年4 000万元分别拨到各省属公益科研院所户头。

基本科研经费专项主要用于支持省属公益类科研院所的优秀人才或团队开展自主选题研究，加大人才培养力度，提升科研水平。专项实行“稳定支持、重在持续，自主选题、规范管理，定期评估、滚动调整，专款专用、跟踪问效”的管理和使用原则。福建省科技厅每2~3年组织有关部门对基本科研专项运行情况和科研院所科技创新能力进行评估，其结果作为调整下一轮专项预算的主要依据，至今已完成4轮评估工作，并编制年度发展报告。

截至2018年，基本科研专项已经实施10年（2012—2013年不在统计之内），共资助经费25 307.09万元，带动院所自筹投资7 403.58万元。共资助专项2 000项，实际资助人次为13 665名科研人员。

8.2 资助强度

8.2.1 整体资助

2009—2018 年，科研院所基本科研专项总投资32 710.67万元，其中财政资助经费25 307.09万元，带动院所自筹投资7 403.58万元，共资助专项2 000项（图8-1、表8-1）。截至2018年12月31日，2 000项立项的专项中，已有1 303项专项已鉴定或验收，占65.15%。

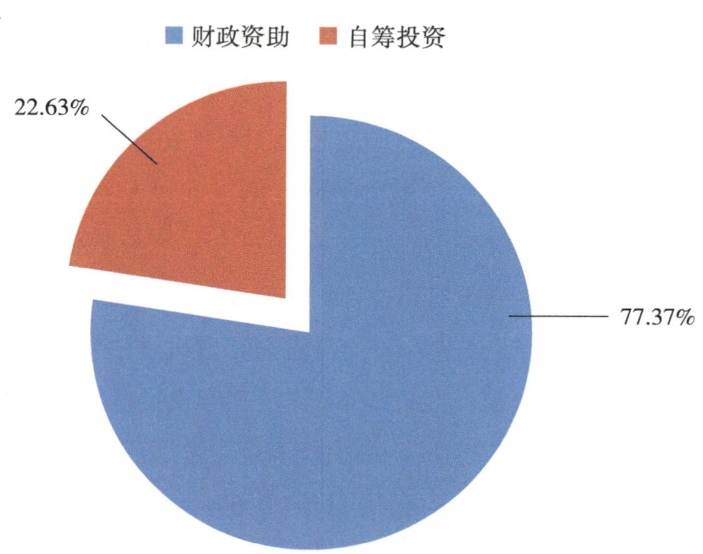

图8-1 2009—2018年基本科研专项经费总体资助构成

表8-1 2009—2018年基本科研专项财政经费资助变化

年度	2009年	2010年	2011年	2014年	2015年	2016年	2017年	2018年
经费(万元)	1 906.00	1 956.00	2 000.00	3 839.59	3 899.00	3 722.50	3 984.00	4 000.00
资助院所(家)	39	40	40	37	37	35	37	37

8.2.2 行业资助

按国民经济行业（GB/T 4754-2017）分，福建省属公益类科研院所可分为自然科学研究和试验发展（3 +1 家）、工程和技术研究和试验发展（7 家）、农业科学研究和试验发展（19 家）、医学研究和试验发展（5 家）、社会人文科学研究（3+2 家），其中有 3 家院所在 2009—2018 年相继退出省属公益类科研院所范畴，不在列入基本科研专项资助范围。2009—2018 年，5 类行业中，经费总体资助最多的为农业科学研究和试验发展，达 17 162.3万元，其财政经费资助占 82.62%。财政经费资助占比最高的行业为医学研究和试验发展，占 93.98%。财政经费资助占比最低的行业为工程和技术研究和试验发展，占 53.13%（图 8-2）。

财政经费资助上，农业科学研究和试验发展资助最多，占 56.03%，社会人文科学研究最少，占 8.52%（图 8-3）。

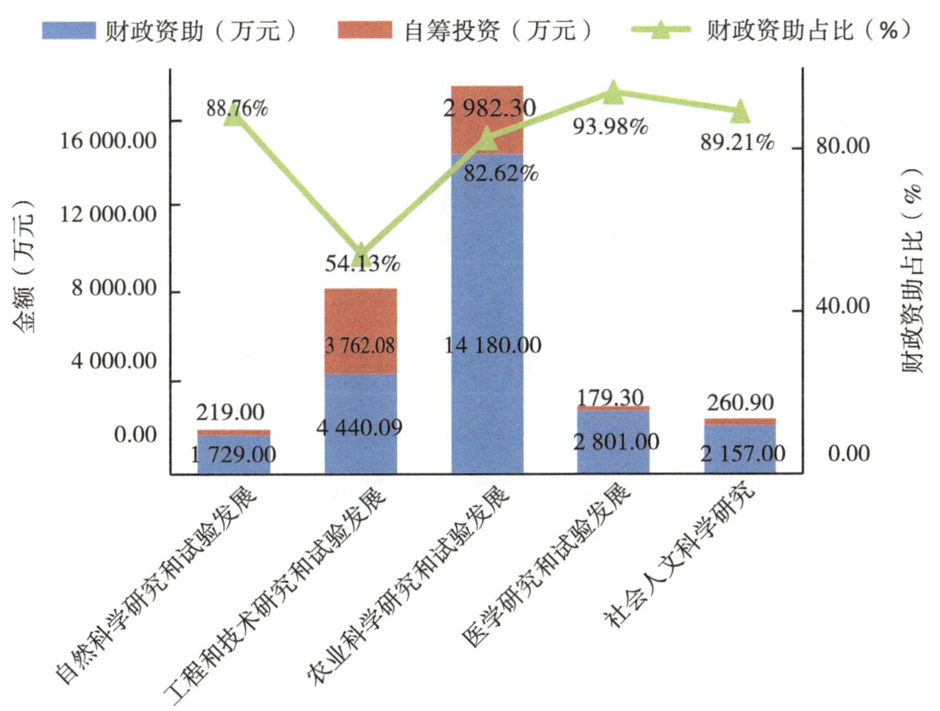

图 8-2 2009—2018 年基本科研专项行业经费总体资助构成

8.2.3 单项资助

2009—2018 年，共资助专项2 000项，单项平均经费资助为 16.36 万元/项，单项平均

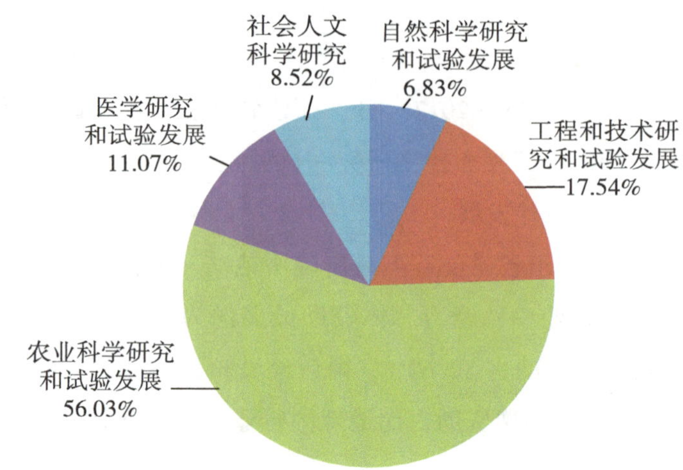

图 8-3　2009—2018 年基本科研专项行业财政经费资助构成

财政经费资助为 12. 65 万元/项，占单项经费资助的 77. 32%（图 8-4）。

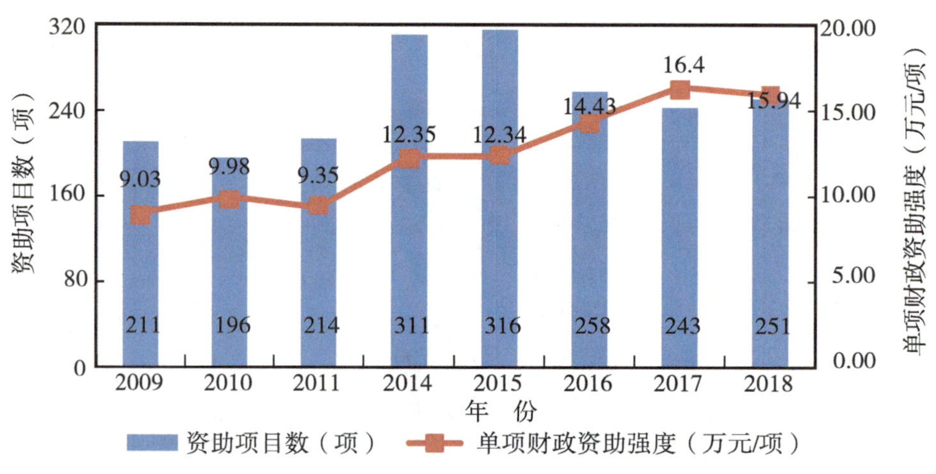

图 8-4　2009—2018 年基本科研专项财政经费资助强度

8. 2. 4　院所财政经费资助

2009—2018 年，每家院所（以 37 家计）平均财政经费资助 683. 98 万元。高于平均水平的有 18 家，财政经费资助合计 15 342. 09 万元，占总数的 60. 62%。财政经费资助排名前六名的院所是福建省农业科学院畜牧兽医研究所（1 187万元）、福建省农业科学院水稻研究所（993 万元）、福建省林业科学院（960 万元）、福建省微生物研究所（950 万元）、福建省水产研究所（936 万元）、福建省计量科学技术研究院（932 万元），这 6 家财政经费资助合计 5 958 万元，占总数的 23. 54%（图 8-5）。

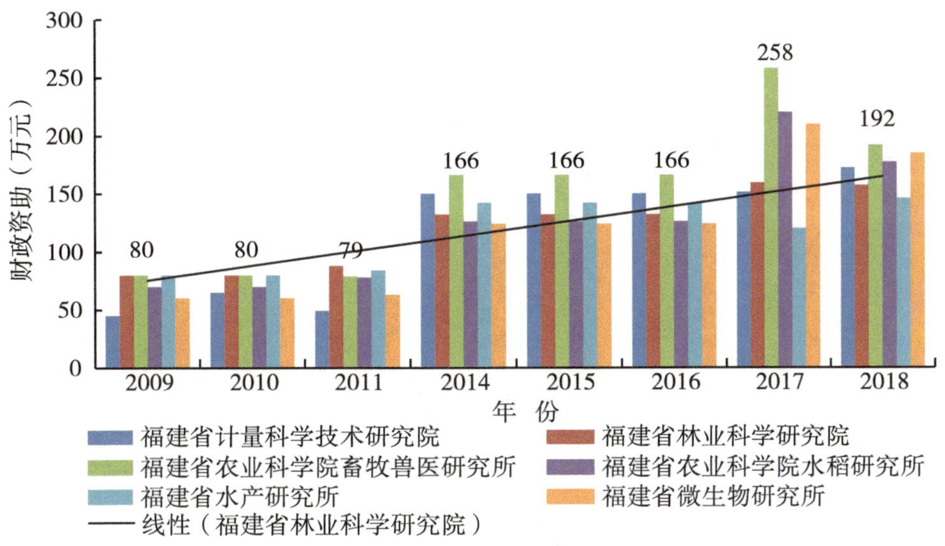

图 8-5　2009—2018 年基本科研专项前六名院所财政经费资助年度变化

8.3　成员构成

8.3.1　专项负责人

2009—2018 年，共有2 000人次科研人员作为负责人承担基本科研专项。

专项2 000人次负责人中，正高级职称、副高级职称、中级职称和初级职称承担专项的比例为2.32∶4.34∶3.56∶1。副高级职称人数最多，达763 人次，占38.15%（图 8-6、图 8-7）。

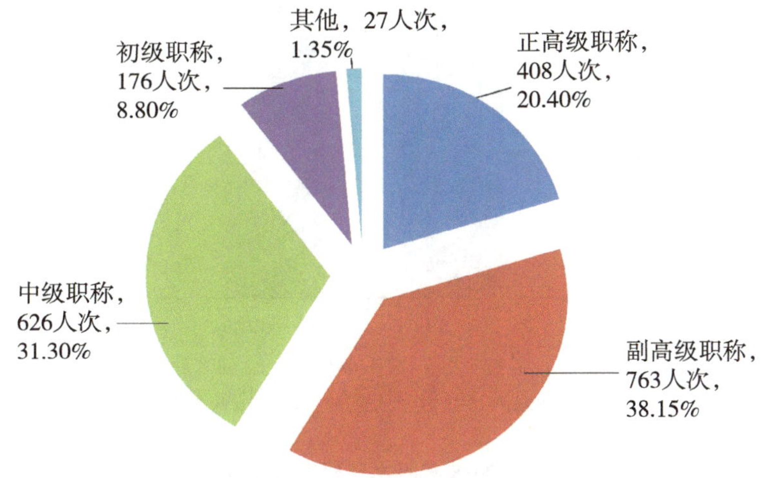

图 8-6　2009—2018 年基本科研专项专项负责人职称分布

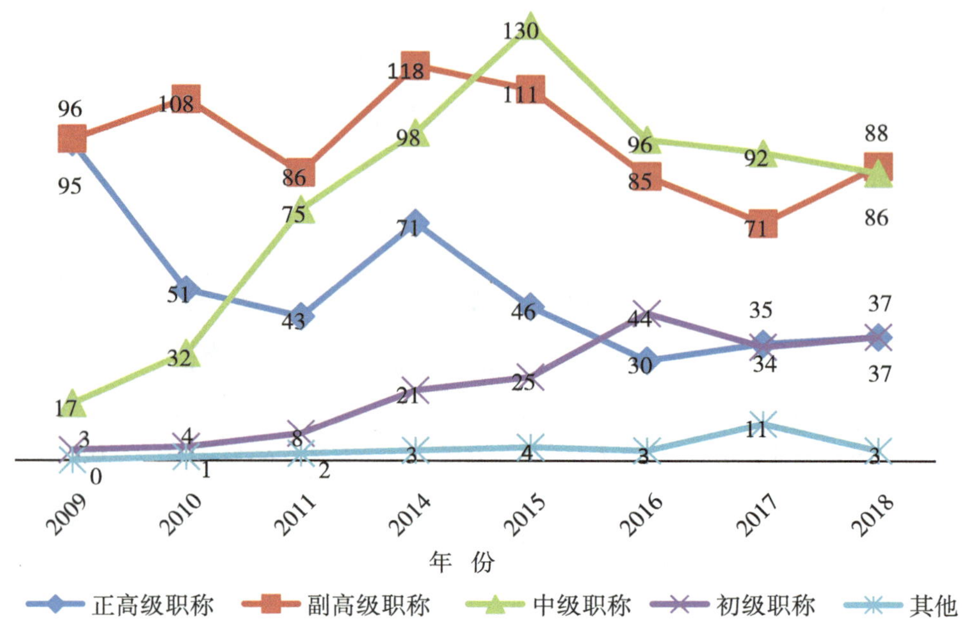

图 8-7　2009—2018 年基本科研专项专项负责人职称年度分布

专项2 000人次负责人中，最大年龄为 64 岁，最小年龄为 24 岁，平均年龄为 39. 34 岁。30~39 岁的人数占比最高，达 892 人次，占 44. 60%（图 8-8、图 8-9）。

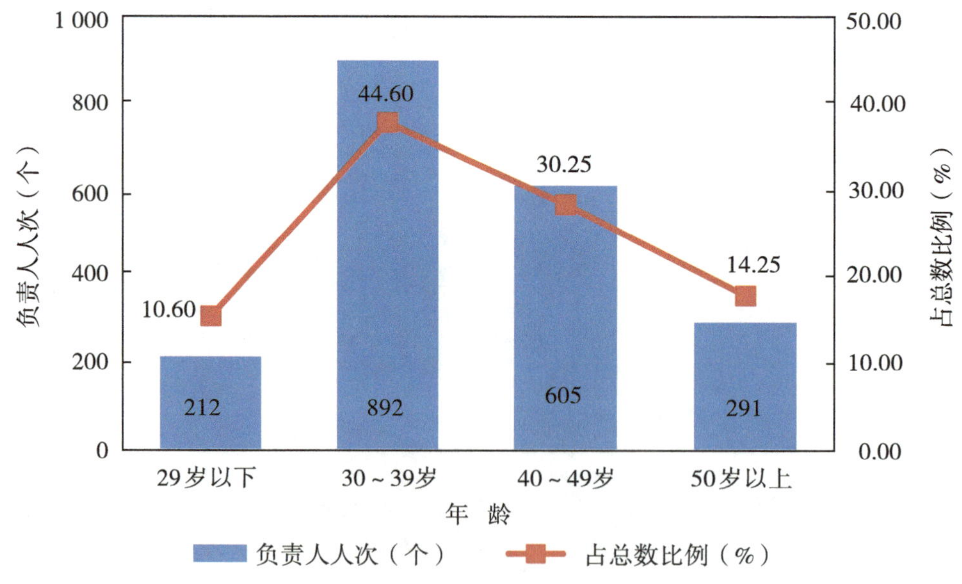

图 8-8　2009—2018 年基本科研专项专项负责人年龄分布

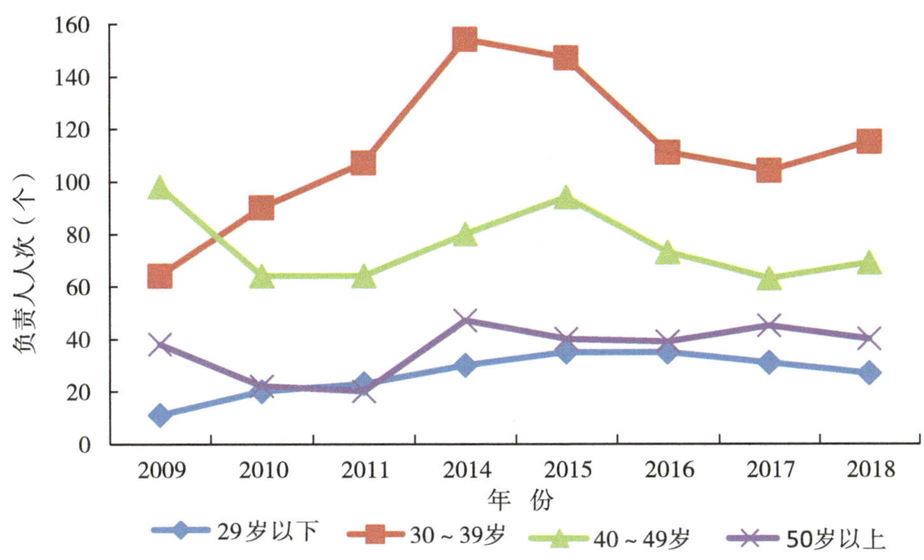

图 8-9　2009—2018 年基本科研专项负责人年龄年度分布

8.3.2　专项参与人员

2009—2018 年，共有13 665人次科研人员参与2 000项专项的研究工作，平均单项参与人数为 6.83 名。2014 年度单项参加的科研人员最多，为 7.62 名（图 8-10）。

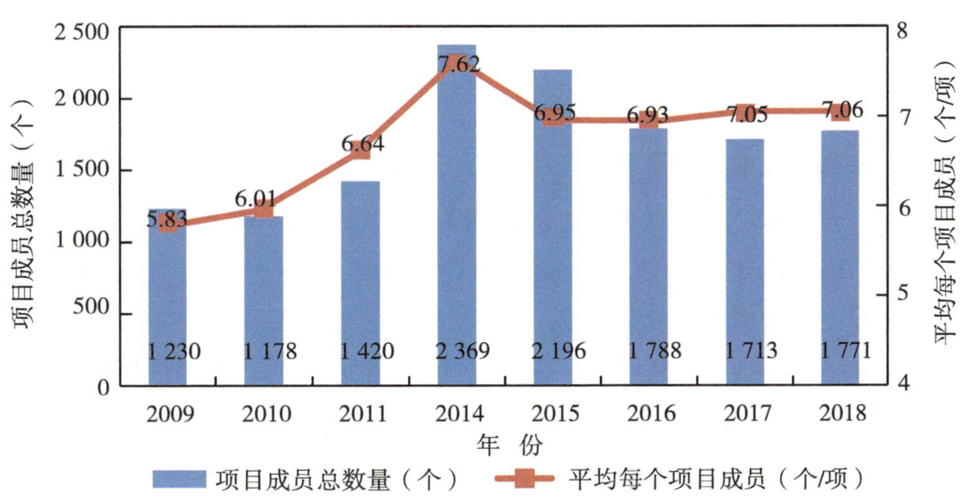

图 8-10　2009—2018 年基本科研专项参与人员年度分布

9 重大奖励与成果案例

9.1 2018 年度省“科技重大贡献奖”

福建省农业科学院植物保护研究所研究员张艳璇荣获 2018 年度省“科技重大贡献奖”。

张艳璇，女，汉族，1957 年 9 月生。福建省农业科学院研究员，福建省农作物害虫天敌资源工程技术研究中心主任。张艳璇同志主要从事农螨分类及生物学、害虫害螨生物防治及天敌产业化基础与应用研究，曾承担国家“863”计划子课题、国家外专千人计划项目、科技部成果转化资金等项目 30 余项，是国家新世纪百千万人才、福建省首批引进高层次创新创业人才。研究成果曾获国家科技进步奖二等奖、福建省科技进步奖一等奖、农业部中华农业科技奖二等奖、福建省专利奖二等奖和福建省标准贡献奖二等奖等奖项。2009 年被评为福建省杰出科技人才，并曾获“全国优秀科技工作者”“中国女科技工作者社会服务奖”“全国三八红旗手”等荣誉称号。

近年来主要科技贡献：一是基础研究与应用基础研究。针对 20 世纪 90 年代末福建省毛竹螨害灾害，带领团队对福建 86 个乡镇2 000多个竹山进行普查，鉴定并发表毛竹林益、害螨种类 63 种含 10 个新种、22 个新纪录种，研究了混交林、纯竹林与毛竹害螨爆发成灾关系，揭示毛竹害螨爆发成灾机理，并提出竹腔注射—施用药肥—平衡益害螨比例—恢复生态的技术路线，治愈毛竹螨害，填补国际上研究的空白。研究成果于 2001 年被国家科技部列入《2001—2005 年国家科技成果重点推广指南项目》。主持创建害虫害螨天敌资源库，收集捕食螨标本12 246号，鉴定并发表新种 59 种。通过益、害螨生物学研究挖掘出害虫优良捕食螨 24 种，其中加州新小绥螨、巴氏钝绥螨、斯氏钝绥螨等 11 种捕食螨形成商品。

二是创新成果转化与推广。率先提出“利用捕食螨携菌多靶标控制害虫害螨”理论并形成自主知识产权，成功研发出捕食螨携菌产品和天敌捕食螨工厂化生产技术，广泛应用在多种果树、茶园、蔬菜的生物防治，获得国家发明专利 11 个，制定省颁地方标准 3 个，解决了困扰我国多年的捕食螨工厂化生产—产品包装—贮存—长途运输—大田使用与环境相互协调等难题。2003 年“天敌捕食螨”被列入国家重点新产品，2005 年创办我国第一家捕食螨公司实现成果落地转化。2006 年“以螨治螨”被农业部列入重点推广的绿色防控技术。1998—2017 年以螨治螨生防技术在全国 32 个省的柑橘、棉花、板栗、茶、蔬菜、苹果等产区推广4 007万亩次（1 亩≈666. 67m^2，1hm^2 = 15 亩，全书同），田间应用天敌费用仅为化学防治的 30%，作物产值提高 5%～15%，年减少农药使用量 40%～60%、培训农民 8. 43 万人次，与央视合作拍摄科教片 6 部，引领和带动了我国生物防治产业的发展。

9. 2 南方林木重要害虫生防真菌资源开发与防控技术创新应用

由何学友教授级高级工程师主持，福建省林业科学院等单位承担，获 2018 年度省“科学技术进步奖一等奖”，属于林业行业中的森林病虫害及其防治技术领域。

该研究针对我国南方地区林木害虫发生较严重之现状，根据国家农药减量化的要求，通过生防真菌菌株资源收集、优良菌株筛选、生产工艺优化、菌剂研发等 10 余年系列研究，研发了针对南方林木重要害虫生防真菌资源和防控技术，为“增产、经济、环保”的害虫防治理念做出了重要贡献，取得了系列研究成果。

共获授权发明专利 11 项、实用新型专利 2 项，制定地方标准 1 项，发表论文 40 篇，其中 SCI 收录 7 篇。项目实施期间举办培训班 32 余次，成果在福建及周边省份已大面积推广，面积达1 258万多亩，有效地减少了害虫带来的损失，新增产值 4. 944 亿元，同时大量减少了化学农药的使用量，保护了生态环境，产生了显著的经济、社会和生态效益。

9. 3 番鸭呼肠孤病毒病活疫苗创制及应用

由陈少莺研究员主持，福建省农业科学院畜牧兽医研究所承担，获 2018 年度省“科学技术进步奖一等奖”，属于农业科学技术领域。

番鸭呼肠孤病毒病是 1997 年以来在福建、浙江、广东、广西壮族自治区（以下简称广西，全书同）等地番鸭饲养区新发的一种烈性传染病。项目组经15年努力，在国际上首次创制成功番鸭呼肠孤病毒病活疫苗。在国际上率先选育出安全性好、免疫原性强、遗传性状稳定的番鸭呼肠孤病毒弱毒CA株，首次明确了CA株在雏番鸭体内的分布动态和排毒规律；在国际上首次研制成功番鸭呼肠孤病毒病活疫苗，创建了“同步接毒和SPF CEF转瓶培养及冻干保存”的生产技术体系，拥有自主知识产权，获国家一类新兽药证书。

成果获国家发明专利授权3项，发表论文12篇，出版专著1部。研究成果实现产业化，至2018年8月生产销售62 963.3万羽份；共新增产值9.97亿元，新增利税1.58亿元；提高鸭农收入，660多养殖户年均收入10万元以上；免疫鸭成活率提高30%以上，挽回直接损失18亿多元，减少用药和死亡，保障食品安全和生态环境安全。

9.4 小菜蛾抗药性适合度代价及药剂减量增效技术研究与应用

由魏辉研究员主持，福建省农业科学院植物保护研究所等单位承担，获2018年度省“科学技术进步奖一等奖”，属于农业科学技术领域。

小菜蛾是为害十字花科蔬菜的世界性害虫，项目组针对小菜蛾抗药性强及农药过量使用等突出问题，经过10多年系统研究和协作攻关，在揭示小菜蛾抗药性引发适合度代价基础上，针对性地研发了小菜蛾防控药剂减量增效关键技术，创制了适应不同系统的防控药剂减量增效综合技术模式，推广应用后效果显著。

该成果获授权国家发明专利5项，实用新型专利4项；获新农药登记证书7种、无公害农产品证书1份；发表论文34篇，其中SCI收录9篇，著作2部；还获得质量管理体系认定证书1项、GAP证书1项、无公害农产品产地认证证书1项。技术成果近五年累计推广应用452.95万亩，新增经济效益17.88亿元，有效减少农药用量，为我国蔬菜生产的持续发展做出了重要贡献。

9.5 莲雾良种选育及产业化配套技术研究与应用

由许家辉研究员主持，福建省农业科学院果树研究所等单位承担，获2018年度省“科学技术进步奖二等奖”，属于农业科学技术领域。

莲雾为南亚热带新兴高端特色水果，种植效益高，2011 年被列为福建省十大种业创新与产业化工程，是福建省打造产值超千亿元水果产业闽南重点发展的果类。项目针对福建莲雾良种和优质苗木缺乏、正造果品质低劣、产期调节效果差、低温寒害、鲜果不耐贮等问题，经联合攻关取得以下创新性成果。

一是选育出南亚热带适栽莲雾良种 2 个，成为福建省莲雾产业带当家品种。率先开发出莲雾 SSR 标记，结合性状观测和耐寒性评价，从 62 份国内外种质中挖掘出质优、裂果率低、耐寒的优异种质 7 个。选育出果大形美、品质佳、裂果率低、适于正造果生产的“紫红”，通过省级认定；易成花、丰产、耐寒、适于产期调节生产的“农科二号”，通过鉴评。

二是创建了莲雾种苗智能化扦插快繁技术体系，为良种繁育提供新途径。探明了最适繁育材料、基质、促根剂、缓释肥和培养土，设计了光、温、湿智能化管理系统，创建了智能化扦插苗快繁技术体系，实现周年繁育，与传统扦插育苗相比，育苗期由 12~15 个月缩短至 3~4 个月，成苗率由 55%提高至 85%以上。研制的农业行业标准《莲雾种苗》通过农业部审定。

三是探明了莲雾果实色泽形成、糖积累及低温生理响应规律，为关键技术研发提供科学依据。发明了莲雾花色素提取方法，率先鉴定出 4 个花色苷组分，明确了花色苷总量相近时芍药素含量决定果色，外源 ABA 显著提高花色苷含量促进增色；明确了果实以积累果糖和葡萄糖为主，创制了增甜营养液，提高总糖 30. 70%；探明了低温生理响应规律，建立了耐寒性鉴定方法，明确了 7 个优异种质低温半致死温度为-1. 72~-1. 20℃。

四是集成创新莲雾优质高效栽培技术体系，为产业发展提供技术支撑。针对福建南亚热带气候特点，研发出高光效整形修剪、控梢促花、外源 ABA 调控果色、配方营养液增甜、防裂果、低温防御等关键技术，解决了莲雾品质低劣、低温寒害等问题；集成了以正造果生产、产期调节和设施栽培为主的区域栽培技术体系，打破台湾技术垄断，填补 6 ~8 月鲜果市场供应空白；研制了省颁地方标准《莲雾栽培技术规程》。

五是优化了莲雾贮藏保鲜技术参数，创制出系列加工产品，延伸了产业链。明确了 2 个主栽品种最适贮藏温度和 1—MCP 处理条件，延长贮藏期 10 天以上。开发出可重复利用的水果防损分隔板，解决了果实贮运易损难题。创制加工产品 4 个，莲雾蜜饯制作方法获得专利授权。

项目选育品种 2 个；研制行业标准 1 项、省地方标准 1 项；授权发明专利 2 件，实用新型 2 件，申请专利 8 件；发表论文 24 篇。育成的 2 个品种全省种植面积9 433亩，覆盖率达 80%以上。通过成果应用，福建莲雾从原零星栽培发展成南亚热带北缘万亩产业带，被列为省农业供给侧结构性改革果树产业优布局的特色果类（闽农种植〔2017〕47 号）。近三年新增产值 5. 32 亿元，新增纯收入 2. 68 亿元，效益显著。经专家组评审，成果总体达国际先进水平，部分达国际领先水平。

9.6 长粒优质杂交水稻泰丰优 2098 等 7 个品种选育与应用

由涂诗航副研究员主持，福建省农业科学院水稻研究所等单位承担，获 2018 年度省“科学技术进步奖二等奖”，属于作物遗传育种领域。

本项目以水稻品种的优质、高产为选育目标，在谢华安院士的带领下，自 2003 年起，团队历时 16 年配育出 7 个长粒优质泰优系列品种通过福建省审定并在生产上推广应用。

主要技术内容。一是针对杂交稻“高产、优质”难以结合的技术难题，综合应用空间诱变、籼粳杂种优势、不同生态条件胁迫选择与早期稻米品质检测等高效育种技术手段，成功选育出多个强恢复系。二是为解决生产上大面积应用的品种米质较差的问题，在众多不育系中发掘出泰丰 A，针对该不育系的优、缺点，选择与之性状互补的强恢复系配组，经配合力、适应性、抗逆性、稻米品质等多方面同步测定，配育出 7 个优质、高产新品种。三是开展了 7 个品种亲本的特征特性观察，研究品种的高产栽培及制种技术。与种业、米业紧密合作，积极开展试验示范和推广应用。四是创建了优质米品牌，探索水稻全产业链融合发展模式。

技术经济指标。一是在国内率先解决了杂交水稻粒长和整精米率不协调的技术难题。育成的品种具有米粒长、整精米率高、食味好等突出特点。其中，泰丰优 2098 是近十年通过福建省审定的品种中米粒最长、粒长达 8 毫米以上整精米率最高的品种。二是解决了杂交水稻高产与优质难以结合的技术难题。育成的 7 个品种既优质又高产，其中 4 个品种在福建省优质米评选中分获金、银、铜奖。4 个品种的区试平均亩产均比对照增产 5%以上，其中 2 个增产超过 8%。泰丰优 2098 于 2015 年被列为福建省水稻主推品种。三是 7 个泰优系列品种可在福建省作早、中（感光）、晚稻种植，适宜不同生态区、不同海拔高度，还适宜作烟后、菜后等不同轮作制度的轮作品种种植。泰优 2165 不仅适宜在海拔 800 米地区作晚稻种植，还可在福建闽南地区作早稻种植，是改善福建省早稻稻米品质的优良品种；中稻感光品种泰优 676、泰优 2328 生育期长，米质优，适宜稻田养鱼模式。四是率先创建了“泰丰优656”的优质米品牌，建立了“优质稻品种研发”+“种业”+“米业”+“超市、电商”全产业链融合发展模式，该品牌是福建省第一个被米业公司直接用品种名称作为大米商品名在连锁超市和电商上销售的优质米品牌。7个泰优系列品种是米业公司、种粮大户创建优质米品牌和生产绿色稻米所青睐的品种，为农业供给侧结构性改革提供技术支撑。

应用推广及效益。2012—2018年泰丰优2098等品种在福建省内累计推广187.03万亩，增产稻谷4 417.15万千克，为社会提供6.17亿千克优质米，新增社会经济效益2.21亿元，产生了显著的社会经济效益。随着农业供给侧结构性改革的推进，今后将具有更大的推广应用前景。评审专家组一致认为该成果整体达到同类研究国际先进水平。在杂交水稻长粒与整精米率协调方面的研究达到国际领先水平。

9.7 黄秋葵种质资源挖掘与创新利用

由洪建基研究员主持，福建省农业科学院亚热带农业研究所等单位承担，获2018年度省“科学技术进步奖二等奖”，属于农业科学技术领域。

黄秋葵是一种营养丰富的保健蔬菜，目前我国种植面积达20多万亩，品种主要来自日本和我国台湾，国内全面系统的研究较少，鉴于此，项目组开展黄秋葵种质资源收集与评价、育种与栽培、营养成分测定与加工等研究，取得了下列主要创新性成果。

一是建成了全国最大的种质资源库，研究制定并出版了著作2部。收集保存国内外黄秋葵种质资源318份，居国内首位；获得植物学、农艺、品质等性状37 524个鉴定数据，采集图像1 908幅，实现资源共享259份；国内率先研究制定并出版《黄秋葵种质资源描述规范和数据标准》和《黄秋葵种质资源图册》，为黄秋葵种质资源性状数据系统性、科学性和可靠性描述奠定了基础。

二是鉴定筛选出核心种质和创制新种质，育成新品种4个。通过黄秋葵核心性状挖掘，筛选核心种质30份，创制优异种质15份；创新了黄秋葵杂交育种技术，育成“闽秋葵1号”和“闽秋葵2号”2个杂交新品种，“闽秋葵3号”和“闽秋葵4号”2个常规新品种，编著出版《黄秋葵栽培育种与保鲜加工》，为黄秋葵种植企业、合作社及相关研究人员提供理论和实践指导。

三是深入研究并优化构建高效施肥与病害防控新型栽培技术体系。研究了施肥方式对黄秋葵营养生长和产量的影响，优化了我国东南地区 PMWC（鸡粪菌渣堆肥）合理施肥量（240 克/千克）；发明了黄秋葵根结线虫等土传病害减药设施栽培、生物防控和连作高产高效栽培技术。

四是国内率先完成了紫色黄秋葵转录组测序，明确了黄秋葵植物学特征间、生物学特性间的相关性及其嫩果荚多糖累积规律。通过紫色黄秋葵转录组测序，获取了花青素、多糖及黄酮等重要基因信息；通过特征特性研究明确了茎色、茎表面、叶色、果色呈同一对应关系，种子产量与叶柄长度、果数、叶片长度、叶片宽度、开花天数达极显著正相关；通过营养成分分析，明确了黄秋葵果荚中多糖含量在花后第 8 天达到峰值。

五是国内率先发明了黄秋葵茶加工工艺，研制出黄秋葵茶、复合颗粒、泡菜等系列产品。利用黄秋葵营养保健功效，发明了黄秋葵茶加工工艺；研制了黄秋葵茶、复合颗粒、泡菜、蜜饯等系列特色加工产品，提高了黄秋葵利用附加值，为黄秋葵产业的发展提供有效的技术支撑。

项目集“理论研究—技术研发—产品研发”为一体，获省级认定品种 4 个；授权发明专利 2 件、实用新型专利 1 件；发表论文 21 篇，出版著作 3 部；经同行专家评审：该研究成果在种质资源、新品种选育等方面具有创新性，整体达到同类研究的国内领先水平。2015—2017 年省内外累计推广 4. 333 万亩；新增销售额13 028. 3万元，新增利润3 908. 5万元。实现成果转化收益 7. 5 万元，培训人员 600 多人次，取得显著的社会、经济、生态效益。该成果的研发与应用，丰富了黄秋葵的理论与技术研究，为推动福建省乃至全国黄秋葵产业的可持续发展做出了重要贡献。

9. 8　丝瓜耐褐变育种技术创新与新品种选育

由温庆放研究员主持，福建省农业科学院作物研究所等单位承担，获 2018 年度省“科学技术进步奖二等奖”，属于蔬菜园艺作物育种领域。

本成果为福建省科技重大专项“特色蔬菜品种创新与高效配套栽培技术研究”、福建省属公益类科研院所专项“丝瓜种质资源鉴定、创制与褐变机理研究”等项目研发所取得。项目针对丝瓜褐变机理不清、耐褐变品种缺乏等制约产业发展难点问题，从丝瓜种质资源收集评价、褐变机理解析、耐褐变育种材料创制、核心亲本构建、新品种选育等方面开展了系统深入的研究，项目取得了以下创新成果。

一是应用多组学技术，解析了丝瓜褐变机理。通过丝瓜转录组测序、蛋白质双向电泳和 iTRAQ-LC-MS/MS 技术分析、超高效液相色谱检测、荧光定量 PCR 分析等方法，解析了丝瓜褐变机理。丝瓜褐变与 PPO 酶活性和酚类底物绿原酸及对羟基苯甲酸、4-甲基儿茶酚直接相关，当丝瓜在鲜切、加工或贮藏过程中，细胞组织被破坏，PPO 酶与酚类底物绿原酸酚反应引起褐变。PPO 是丝瓜酶促褐变过程中主要酶，直接参与褐变的酶促反应，*PPO* 基因家族中 *PPO*1 和 *PPO*2 调控着 PPO 酶活性；PPO 酶活性、*PPO*1 和 *PPO*2 基因表达水平（特别是 *PPO*1 基因表达水平）可作为重要指标用于丝瓜褐变鉴定、资源筛选、品种选育。

二是建立了丝瓜褐变鉴定方法。建立了丝瓜基于褐变度正态分布的分级标准，进行褐变度与总酚含量线性回归分析，建立了褐变度和总酚含量的线性回归方程；分析了丝瓜总酚含量、酶活性与褐变相关性，丝瓜褐变度与总酚含量、PPO 酶活性显著相关。结合褐变机理解析结果，建立了 PPO 酶活性、总酚、褐变度为生理指标，*PPO*1 基因表达量为分子辅助鉴定的丝瓜褐变鉴定方法，为耐褐变种质的筛选及耐褐变品种选育提供技术支持。

三是创制并构建了丝瓜耐褐变育种核心材料。收集国内外丝瓜种质资源 285 份，采用田间鉴定和分子鉴定，结合已建立的丝瓜褐变鉴定方法，筛选出耐褐变的丝瓜种质材料 32 份，其中经济性状优良或高产抗病或抗逆性强的育种材料 11 份；通过自交、回交、杂交、纯化获得了育种材料 140 份，创制了丝瓜耐褐变育种核心材料 20 份，为耐褐变新品种选育提供了亲本材料基础。

四是丝瓜耐褐变新品种选育。育成“农福丝瓜 601”“农福丝瓜 801”“福研 1 号”“福研 2 号”“福研 3 号”耐褐变丝瓜品种 5 个，均比对照增产 10%以上。其中“农福丝瓜 801”早熟、抗病性强、耐低温；“福研 1 号”连续座果性强、品质优，已成为福建省丝瓜的主栽品种。

五是授权专利、文章及标准等。发表论文 43 篇（硕士学位论文 5 篇），其中 SCI 1 篇，国家级学报 13 篇；获得国家发明专利 1 项，申请国家发明专利 1 项；培养硕士研究生 5 名。

六是应用推广及效益。育成的丝瓜品种在福建省累计推广 66.3 万亩，累计新增效益（纯收入）4.497 亿元，并取得了显著的社会与生态效益。经 7 位国内知名专家组评审：成果总体达到国际先进水平，其中耐褐变鉴定技术达到国际领先水平。

9.9 高优低镉姬松茸新品种“福姬77”选育与产业化关键技术

由雷锦桂研究员主持，福建省农业科学院科技干部培训中心等单位承担，获2018年度省“科学技术进步奖二等奖”，属于食用菌研究领域。

发展姬松茸产业有助于农民增收致富与丰富特色产品供应。主要针对姬松茸生产存在品种单一、产量偏低、重金属超标等问题，深入开展高优低镉品种选育和产业化技术研发，取得显著成效。

一是优化应用^{60}Co与紫外线复合诱变技术并选育高优低镉姬松茸新品种“福姬77”。选育出的姬松茸新品种“福姬77”，具有高产优质、低镉含量、农艺性状优异特性，获省级品种认定（闽认菌2013003）。与福建主栽品种J1相比，该新品种平均产量7.40千克/平方米，提高20%以上；镉与铅含量分别降低26.5%、58.6%；农艺性状优异，柄粗短且盖大，柄长约5.45厘米，直径约2.00厘米；盖直径约4.94厘米，高约2.67厘米；连续六代栽培的产量、氨基酸含量、农艺性状的稳定性均优于J1，丰富了主栽品种。

二是创立以SSR分子标记与扫描电镜观察菌丝体的姬松茸新品种快速鉴定方法。从分子生物学和微观形态学联合鉴定姬松茸新菌株，填补了准确、便捷鉴定姬松茸新品种的技术空白。①根据基因组的微卫星序列，设计特异性引物，筛选出鉴别新菌株的分子标记引物；②结合扫描电镜观察菌丝体形态，J1菌丝1.69~2.13微米，表面平滑，福姬77菌丝为1.90~2.70微米，表面有明显颗粒，其为加快新品种选育进度提供便捷有效的鉴定方法。

三是系统研究了福姬77和J1在不同生长发育阶段对镉的生理响应及耐镉差异性。研究揭示了姬松茸对镉胁迫的生理响应，发现菌丝和子实体SOD酶活性与外源镉浓度具有极显著负相关关系，定量分析了该两菌株对镉的耐受程度和富集镉的差异性，并首次从微观角度分析了姬松茸福姬77和J1菌丝体、孢子长度和囊状体对镉的耐受力。明确了外源镉浓度与姬松茸产量、农艺性状、氨基酸及营养元素吸收间的关系，为评价食用菌栽培的镉危害与防控措施研究提供科学依据。

四是突破关键栽培环节并优化构建了与姬松茸福姬77相配套的产业化技术体系。从原种制作、替代原料、培养料配方与发酵、覆土管理、栽培环境调控等方面进行系统研究并建立了配套的产业化栽培技术体系，并制定技术规程1项。创新提出了原种制作方法，实现菌种成品率达 98.00%；多小堆复式集合堆积前发酵和满格堆放二次发酵方法，提高有益菌数量 4.1 倍以上，平均增产 42.10%；微喷雾装置改善发酵料补水等技术，共获得授权专利 3 项。

五是创立姬松茸新品种与新技术集成推广机制并取得显著的社会经济与生态效益。构建“三结合三推进”的推广机制，实施产业化集成应用，3 年累计推广 326.01 万平方米，增收节支 1.18 亿元，取得显著社会经济与生态效益。

项目研发期间，获省级审定姬松茸新品种 1 个，授权专利 6 项，出版学术专著 1 部，发表论文 27 篇；制定企业生产技术标准 1 项；累计培训技术骨干 800 多人次；经同行专家评审认为成果居国际先进水平，推广应用前景十分广阔。

9.10 杏鲍菇高值化加工及综合利用技术创新与应用

由陈君琛研究员主持，福建省农业科学院农业工程技术研究所单位承担，获 2018 年度省“科学技术进步奖三等奖”，属于农业科学技术领域。

杏鲍菇（*Pleurotus eryngii* Quel）产业发展迅猛，仅工厂化栽培全国日产就达2 700多吨，福建漳州占了近 1/5；杏鲍菇有 20%的副产物，工厂化生产副产物每天约 540 吨、商品价值低，影响产业效益。研发杏鲍菇高值化精深加工与副产物综合利用技术，是杏鲍菇产业增效的关键。成果系统分析建立了杏鲍菇资源化加工适应性评价体系、创新集成高值化产品加工专利技术、创制杏鲍菇营养健康系列产品。经八年研究与推广，为杏鲍菇产业融合发展与资源综合利用提供科学支撑与技术保障。

一是基于生物、理化、功能等多元指标系统分析，创建原料加工适应性及产品质标评价体系。系统分析各栽培模式菇感官、理化、营养、加工特征物质指标，建立原料加工适应性评价模型和各类加工产品的品评标准，为指导深加工产品安全与标准化生产提供技术依据。

二是率先发明超声波—内沸腾法多糖高效提取专利技术，多糖提取率显著提高 59%；探究多糖理化结构、流变特性，创新杏鲍菇多糖营养健康专利产品 1 个，研究发现多糖 P-2a对 A549 肺癌细胞和 sum159 乳腺癌细胞增生具有明显抑制功效。

三是创新集成以钝化—促香—干制为核心的加工技术，突破多糖粘稠困扰杏鲍菇烘焙食品加工的技术障碍，发明杏鲍菇深加工专利技术，创制高值化“菇+粮”营养休闲食品

4 个。本技术比传统工艺省时 23.1%、节能 29.5%；杏鲍菇饼干、酥饼、素松类产品的菇粉添加量可达 10%～35%；菇饼干、酥饼蛋白质含量达 13.1%、15.0%，属高蛋白食品（GB 28050—2011）。

四是创新应用理化调质、渗透调味、综合杀菌等现代技术，率先发明无油型杏鲍菇卤制食品加工专利技术，创制软包装休闲产品 3 个。解决传统高油加工缺陷，显著提高菇品耐煮性和呈味均匀度；综合杀菌技术比单一非热力杀菌可延长产品货架期 90 天。

五是创新全价利用杏鲍菇副产物，发明杏鲍菇浆液调配和生物发酵专利技术。生产的杏鲍菇鱼露氨基酸态氮达每 100 毫升 1.3 克，高于一级鱼露标准（SB/T 10324—1999）；菇酱油氨基酸态氮达每 100 毫升 0.85 克，高于特级酱油标准（GB 18186—2000）；菇蚝油氨基酸态氮达每 100 克 0.9 克，是国家标准 3 倍（GB/T 21999—2008）；菇醋香味口感更加柔和；杏鲍菇酸泡菜风味特征明显。

六是成果示范推广，带动产业融合发展，推动行业科技进步。申报发明专利 20 项，授权 16 项；研发新产品 13 个；完成成果评审登记 3 项、验收 6 场。以杏鲍菇主产区漳州为核心，经辐射带动十多个县市以及广西湖北 20 多家企业的示范推广，促进杏鲍菇工厂化栽培+精深加工产业集群的形成；该成果技术还应用于银耳、香菇、羊肚菌等菇的营养健康产品加工产业，副产物综合利用率达 100%；近三年为杏鲍菇生产与相关加工产业融合发展增加效益 7.07 亿元。专家一致评价：成果总体技术达国际先进水平。

9.11 养殖污水的安全利用阈值与调控关键技术研究及集成应用

由陈彪研究员主持，福建省农业科学院农业工程技术研究所等单位承担，获 2018 年度省“科学技术进步奖三等奖”，属于农业科学技术领域。

本成果属农业环境保护领域。主要针对 80%以上畜禽养殖污水处理低效尤其是沼液负荷高、土壤超承载消纳等安全性突出问题，经过近十年研究，取得以下成效。

一是率先构建了养殖污水—安全利用的控制性阈值指标体系与环境容量制衡的联动治理基础理论框架，为福建养殖污水治理提供实用性技术指导与理论参考。开展沼液—红壤利用的应用基础研究，分析了以山地红壤（占福建省面积 85%）作为消纳沼液载体的承载能力与适宜性，明确耦联要素及安全理论阈值，即氨氮承载系数 K≤5.8 克/（平方米·天）和 BOD 承载系数 K≤6.0 克/（平方米·天），率先建立以沼液利用量 Q、输入负荷 C

及消纳面积 S 为调控指标的环境容量匹配关系式 Q≤K×S/C 的安全阈值体系，提出联动治理基础理论架构并优化联动集成路径。

二是突破了养殖污水—安全利用的高负荷制约性障碍并研发了系列关键技术。养殖污水高效减量化、无害化系列专利技术。高密度聚乙烯膜厌氧装置与动态发酵技术及简便化建造技术，节约建造成本约 90%，TS 和 VS 产气率提高 36.2%和 45.5%；污水多功能一体化装备与减量化技术，降低污染率 35%~49%；离子印迹膜识别滤除沼液 Pb（Ⅱ）工艺与技术，膜通量提高 58%、相对选择性系数提高 1.9 倍，滤除率达 89.5%比同类技术提高 10.5%。沼液固定化生物炭降解调控专利技术。定植有效活菌数高达 3.14×10^{11} CFU/克，COD、BOD、NH_4^+和 TP 降解率同比增效 37.3%、42.6%、45.6%和 48.4%，建立HRT-M 调控的数学模型并制定了技术应用规程。

三是有效解决了养殖污水—安全利用的关键接口并创立了便捷化调控平台，破解了制约消纳养殖污水的安全性主要瓶颈，明确了技术调控阈值指标与环境容量的关键接口及关联要素，创立环境容量与联动治理制衡的便捷化调控平台，分门别类建立“养殖规模、输入负荷、消纳面积及达标排放”四种不同类型的调控路径，HRT-M 调控使 COD、BOD 降解率达 86.9%、82.1%，比同类技术分别提高 13.2%、5.9%。

四是创新了“三结合一链接”科技推广机制与多种类型的集约化集成应用模式与 15 家企业合作，建立“科研与企业结合—示范与推广结合—生产与环保结合—实现种植业养殖业的生态循环链接”新机制，创立科企创新中心 1 个、科技示范园区 2 个，优化创建 5 种类型集成应用实践模式，培训人员1 000多人次。近三年累计治理养殖污水 395 万吨，CO_2减排 708 万吨，环境效益 7.5 亿元，改良土壤 1.6 万亩并间接获得种植业双减节支与增收效益 2.2 亿元。

项目成果研究发表论文 25 篇（其中 SCI6 篇）、编著 1 部、授权发明专利 3 件、实用新型专利 2 件、制定技术规程 5 项。专家组评审认为：成果技术具有原创性和创新性，为解决畜禽养殖污水的安全利用难题提供了实用性技术，整体研究达到国内领先水平，其中沼液生物调控及红壤安全利用阈值指标等研究达到国际领先水平。

9.12 鲜食黄桃品种选育及产业化关键技术研究与集成推广

由黄新忠研究员主持，福建省农业科学院果树研究所等单位承担，获 2018 年度省

“科学技术进步奖三等奖”，属于农业科学技术领域。

针对果实风味偏酸不适鲜食、栽培技术落后及规模小效益低等福建黄桃产业现状，开展了适宜福建推广的优良鲜食黄桃品种选育、产业化关键技术研究及其集成推广，所获成果整体居同类研究的国内领先水平，高干大冠整形长放修剪技术和三主枝棚架栽培模式达国际先进水平。

鲜食黄桃良种选育。引进筛选出适宜闽西北推广的优良鲜食黄桃品种 2 个，选育出熟期配套优良鲜食黄桃品系 2 个。多方引进国内外黄桃品种 16 个，从中筛选出综合性状优良的鲜食黄桃品种“锦绣”和“金花露”；收集鲜食黄桃优变株系 5 个，从中选育出成熟期与“锦绣”配套的优良品系“早绣”和“晚绣”（SSR 证实 DNA 变异）。其中“锦绣”2011 年获省级品种认定（闽认果 2011004），所选 4 个品种（系）推广覆盖率占黄桃种植面积的 99%。

产业化关键技术研究。一是研发出适当稀植及大冠整形长放修剪树体管理技术：依据中亚热带南缘季风气候区鲜食黄桃适当稀植大冠栽培效应及不同果枝类型结果性能研究结果，提出闽西北等鲜食黄桃常规栽培（5～6）m×（5～6）m 适当稀植规格及其“高干、大冠、稀枝、长放”整形修剪树体管理技术。二是优化了疏果、套袋果实管理关键技术参数：依据鲜食黄桃不同类型果枝不同留果量、不同套袋方式与产量、品质关系试验分析结果，优化“锦绣”等鲜食黄桃品种（系）盛产期适宜留果量为：徒长性果枝 3～4 个、长果枝 2～3 个、中及短果枝 1 个，花束状果枝不留或仅留 1 个；明确鲜食黄桃适宜套袋、脱袋、采果时间分别为：硬核期末至果实成熟前 50 天内；采果前 10～15 天及较裸果栽培延后 10 天。三是研发创立了鲜食黄桃三主枝棚架栽培模式：研究发现鲜食黄桃采用棚架设施栽培模式，可显著或极显著加快中幼龄期树冠形成，缩短进入盛产周期、提高单位面积产量、增加优质大果比例，并系统总结提出棚架设施栽培三主枝树形整形修剪技术。

集成创新产业化推广。集成国内外先进技术、项目研发成果，制定国内首个《鲜食黄桃栽培技术规范 DB/T 1544—2015》，并创立科研单位、推广部门、生产企业“三结合”集成推广机制，采取举办技术培训、科技服务、示范基地带动等形式，有力推动福建鲜食黄桃产业发展与转型升级。

论文与知识产权。刊发论文 15 篇，其中学报级 5 篇，代表性论文他引 17 次；省级品种认定 1 个，制定地方标准 1 项。

应用推广及效益。鲜食黄桃被福建省农业厅列入《关于推进农业供给侧结构性改革有实施意见》（闽农种植〔2017〕47 号）果树品种结构调整主攻方向。截至 2017 年，全省发展鲜食黄桃 4.05 万亩，其中近三年扩大种植 2.17 万亩，推广适当稀植大冠整形长放修剪、三主枝棚架栽培等产业化关键技术 6.12 万亩次，累计新增产量 4.72 万吨、总收入 4.25 亿元、纯收入 2.55 亿元，取得显著的经济、社会、生态效益。

9.13 无患子种质资源收集评价与产业化关键技术应用

由姜翠翠助理研究员主持，福建省农业科学院果树研究所等单位承担，获 2018 年度省“科学技术进步奖三等奖”，属于农业科学技术领域。

无患子为无患子科优良树种，可用于多领域综合开发利用，近年来，已发展成为重要的经济林产业。但生产上无患子 90%以上为实生苗，产果率低、品质差、大小年结果现象严重；嫁接成活率低且无统一的优质种苗；缺乏采果用良种及配套栽培技术、加工利用技术落后等严重制约无患子产业的发展。针对上述问题，项目系统开展无患子种质资源评价与创新利用、种苗繁育、速生丰产高效栽培技术及深加工等方面研究，主要创新性成果如下。

一是首次构建无患子种质资源评价体系。收集保存无患子种质资源 120 份，采用综合性状观察、结实指标结合生物量及分子标记等方法对收集的资源进行评价，筛选出 20 个丰产、稳产、抗性强的采果用优异种质，其中“均口 1 号”“枫白 1 号”和“枫源 8 号”等作为主栽新品种（系）在省内外应用推广，解决了无患子生产栽培无采果用良种问题。

二是创新无患子种苗无性繁育关键技术，填补了我国无患子种业空白。首次应用单芽腹接技术开展无患子种苗无性繁育，成活率高达 95%，克服了无患子嫁接成活率低的技术瓶颈，改变了以往生产上无患子多为实生苗的现状，为产业化发展无患子提供优质种苗保障。

三是制定我国首个省地方标准《无患子生物质原料林培育技术规程》，创新无患子速生丰产高效栽培技术，解决产果率低、品质差等问题，实现无患子早实、丰产和稳产。集成无患子矮化控冠、大树高接换种、环割促花提高坐果率、病虫害综合防治等速生丰产高效栽培技术，使无患子提早结果 2~3 年，建立首个连片 102 亩的国家级无患子标准化示范园，连续三年测产，亩产达 800 千克以上。

四是创新果实采后储藏和皂苷提取加工技术，突破了无患子皂苷规模化提取和纯度低的关键技术瓶颈，实现无患子加工产业化。首创无患子果实采收及采后储藏方法，降低果实腐烂发霉率 40%以上，延长储藏时间半年至一年；自主研发出制备无患子皂苷生产质控分级标准品，填补我国无患子皂苷质控品市场空白；首创无患子皂苷规模化提取纯化关键技术，皂苷得率提高 8%，皂苷纯度提高 20%。建成全国最大的一条年处理5 000吨无患子果生产线，研发出纯天然“原森堂”无患子手工皂及液态洗护产品销往全国各地，经济、社会效益显著。

五是实施成效与推广应用情况。授权国家发明专利 3 项、外观专利 9 项；制订福建省地方标准 1 项、企业标准 1 项；研发新产品 4 个；8 篇代表作他引 30 次。成功构建无患子绿色产业链，实现了从绿化林到果用林、分散种植到规模化和标准化种植、简易加工到深加工的转变。建成全国最大无患子种植标准化示范基地，面积达 7.83 万亩；省内外推广无患子新品种（系），优质种苗及速生丰产栽培技术 17.39 万亩，新增产值58 639万元；无患子皂苷提取纯化工艺在企业推广应用，新增产值15 942万元。项目合计新增产值 7.46 亿元，新增纯收入 3.79 亿元，并取得了显著的社会与生态效益。该项目成果通过专家组评审，专家们一致认为研究成果总体达到同类研究国内领先水平。

9.14 鹤望兰种质创新与产业化应用

由钟淮钦副研究员主持，福建省农业科学院作物研究所等单位承担，获 2018 年度省“科学技术进步奖三等奖”，属于农业科学技术领域。

鹤望兰观赏与经济价值高，是国内外重要商品花卉。项目实施初期，我国鹤望兰因缺乏蜂鸟传粉导致不能结实，栽培品种类型单一，优质种苗繁育技术缺乏是制约产业发展的主要瓶颈。本成果在突破人工授粉制种基础上，针对产业存在的重大技术问题，历时 18 年选育出耐寒型等优异新种质、挖掘鉴定花色形成关键基因、构建优质种苗高效繁育与产业化应用模式等技术体系，实现成果大面积推广应用。经国内外查新证明，取得以下创新成果。

一是育成鹤望兰新品系 6 个。采用选择育种、分子标记鉴定及抗寒评价等方法，从台湾引进的鹤望兰经人工授粉获得的实生苗分离群体中选育出耐寒型 N101、晚花型 N508、景观与切花兼用型 ND11、优质切花型 NF14、双佛焰苞型 N422 及盆栽型 NB11 等新品系 6 个，其中 N101 耐寒性最强，其次 N508 和 ND11。突破了抗寒和花型、株型等性状改良，改变了品种类型单一现状，扩大了适种范围。

二是首次明确了鹤望兰花色素主要成分及调控花色形成关键基因。明确了黄色萼片主要色素成分为β-胡萝卜素和β-隐黄质，蓝色花瓣主要色素成分为6-羟基矢车菊素-3-葡萄糖苷和飞燕草素-3-葡萄糖苷。分离鉴定出黄色萼片、蓝色花瓣色素代谢途径关键基因 *SrPSY*、*SrPDS*、*SrZDS*、*SrLCYB* 和 *SrF3H*、*SrF3′5′H*、*SrDFR*、*SrANS* 等 8 个，登录 GenBank，探明其时空表达特性。为进一步揭示花色形成分子机理及定向改良奠定基础。

三是率先建立了鹤望兰种苗繁育技术体系。研制出种子处理、种子播种、基质配方、容器育苗、光温调控、肥水控制及病虫害防控等种苗繁育关键技术，编制技术规程。种子发芽率提高了 18.3%，成苗率达 91.5%；配方基质容器苗年生长量提高了 75.3%～98.9%，育苗周期缩短了 165～185 天，全年露地移栽成活率达 95.1%以上，实现优质高效育苗，为良种推广利用提供技术支撑。

四是创制了鹤望兰人工制种、种苗繁育、切花及景观利用等产业化应用模式。构建了从人工制种、种子播种、轻基质容器育苗、3～8 年实生苗切花生产、9 年生分株复壮、复壮苗周年景观利用等产业化应用模式。与分株苗比较，实生苗切花产量提高 16.1%～71.4%，一级切花率提高 30.7%～54.1%，实现良种良法配套推广应用。经专家评审，研究成果整体达到同类研究的国际先进水平，其中在鹤望兰耐寒性品种选育方面达到国际领先水平。

五是应用推广及效益情况。成果累计繁育推广种苗 890 多万株，新增产值18 085万元，其中近三年新增产值11 706万元。获省部级行业金奖 2 项，发表论文 15 篇，省自然科学优秀论文奖 2 篇，培训从业人员及农户1 500多人次。本成果的推广应用在推进美丽乡村建设、休闲旅游农业发展和精准扶贫中发挥了重要作用，社会与经济效益显著。提升了我国鹤望兰育种水平，引领了鹤望兰产业发展。

9.15 平潭岛雨洪资源高效利用关键技术

由吴泽华研究员主持，福建省水利水电科学研究院等单位承担，获 2018 年度省“科学技术进步奖三等奖”，属于农业科学技术领域。

研究针对平潭岛雨洪资源利用面临径流短而分散，存储空间不足，雨量集中在台风季节，无资料地区水资源量评估困难等诸多难点，通过建立平潭首个径流测站、径流观测实验基地和雨洪回灌实验基地，构建全岛流域分布式水文模型、地下储水空间数学模型、入海口蓄淡水库数学模型和全岛雨洪资源综合调度利用模型，形成了集合雨洪资源迟滞、收集、贮存、调度及适度性评价为一体的海岛雨洪高效利用系统。

研究特别在以下几个方面取得了创新性成果：一是建立了海岛雨洪资源迟滞和收集技术体系，解决海岛地区径流短而分散收集困难的问题。二是提出了建立海岛地表水库、地下水库、河海口蓄淡水库互联互通的雨洪资源存储系统，和分区存储、分质利用的综合调度利用技术体系，提升了水资源调控能力和海岛雨洪资源综合利用效率。三是国内首次在海岛地区建立了分布式水文模型，提高了海岛无资地区水资源量估算精度。项目研究在平潭岛中楼乡冠山村建设了径流小区地层滞洪试验基地、地下蓄水层回灌试验基地和“海绵城市”不透水地面改造下渗试验基地。课题研究获得国家发明专利 4 项，申请正处于审查阶段国家发明专利 1 项；发表论文 9 篇，参与著作中国丹麦学术交流总结报告 1 篇。

项目研究不但在科学技术上取得了创新，根据研究成果提出建立以芦洋埔为案例的地表地下水资源综合利用工程体系，直流入海小流域雨洪利用工程体系，雨洪迟滞收集工程体系，以及迟滞水体—小水库山塘—大储水体和水厂的库湖连通工程体系等四大工程体系，在平潭岛水资源规划管理、雨洪资源利用工程和调度工程、生态水系等工程实践中得到应用，增加平潭岛当地雨洪资源利用量，提高了平潭岛雨洪资源综合利用效率。项目研究成果有助于解决我国第五大岛平潭岛成立先行先试综合实验区跨越式发展面临的海岛水资源缺乏难题，与岛外调水工程有机结合，有力支持了平潭国际旅游岛生态建设，产生了突出的社会经济效益。项目研究成果可为我国沿海海岛及半岛地区的雨洪资源利用提供借鉴经验和技术指导，具有良好的推广应用前景。

附　表

附表 1　2018 年福建省属公益类科研院所从业人员规模分布

院所规模	数量（家）	院所名称
200 人以上	1	福建省计量科学研究院
100~199 人	7	福建省水产研究所、福建省农业机械化研究所、福建省农业科学院水稻研究所、福建省科学技术信息研究所、福建省农业科学院畜牧兽医研究所、福建省林业科学研究院、福建省中医药研究院
70~99 人	8	福建省微生物研究所、福建省农业科学院果树研究所、福建省环境科学研究院、福建省淡水水产研究所、福建省农业科学院茶叶研究所、福建省农业科学院生物技术研究所、福建省医学科学研究院、福建省农业科学院植物保护研究所
40~69 人	14	福建海洋研究所、福建省水利水电科学研究院、福建省农业科学院农业工程技术研究所、福建省农业科学院农业生物资源研究所、福建省农业科学院农业质量标准与检测技术研究所、福建省农业科学院作物研究所、福建省安全生产科学研究院、福建省农业科学院农业生态研究所、福建省农业科学院农业经济与科技信息研究所、福建省测试技术研究所、福建省农业科学院土壤肥料研究所、福建省农业科学院亚热带农业研究所、福建省热带作物科学研究所、福建省标准化研究院
39 人以下	7	福建省体育科学研究所、福建省农业科学院食用菌研究所、福建师范大学地理研究所、福建省闽东水产研究所、厦门大学抗癌研究中心、福建省计划生育科学技术研究所、福建省武夷山生物研究所

附表 2　福建省属公益类科研院所从事国民经济行业及学科方向

从事国民经济行业	数量（家）	院所名称及学科方向
自然科学研究和试验发展（7310）	3	福建海洋研究所（地理科学 170）、福建省武夷山生物研究所（生物学 180）、福建师范大学地理研究所（地理科学 170）
工程和技术研究和试验发展（7320）	7	福建省安全生产科学研究院（安全科学技术 620）、福建省标准化研究院（工程与技术科学基础学科 410）、福建省测试技术研究所（化学 150）、福建省环境科学研究院（环境科学技术及资源科学技术 610）、福建省计量科学研究院（工程与技术科学基础学科 410）、福建省农业机械化研究所（机械工程 460）、福建省水利水电科学研究院（水利工程 570）
农业科学研究和试验发展（7330）	19	福建省淡水水产研究所（水产学 240）、福建省林业科学研究院（林学 220）、福建省闽东水产研究所（水产学 240）、福建省农业科学院茶叶研究所（农学 210）、福建省农业科学院畜牧兽医研究所（畜牧、兽医科学 230）、福建省农业科学院果树研究所（农学 210）、福建省农业科学院农业工程技术研究所（农学 210）、福建省农业科学院农业生态研究所（农学 210）、福建省农业科学院农业生物资源研究所（农学 210）、福建省农业科学院农业质量标准与检测技术研究所（农学 210）、福建省农业科学院生物技术研究所（生物学 180）、福建省农业科学院食用菌研究所（农学 210）、福建省农业科学院水稻研究所（农学 210）、福建省农业科学院土壤肥料研究所（农学 210）、福建省农业科学院亚热带农业研究所（农学 210）、福建省农业科学院植物保护研究所（农学 210）、福建省农业科学院作物研究所（农学 210）、福建省热带作物科学研究所（农学 210）、福建省水产研究所（水产学 240）
医学研究和试验发展（7340）	5	福建省计划生育科学技术研究所（基础医学 310）、福建省微生物研究所（药学 350）、福建省医学科学研究院（基础医学 310）、福建省中医药研究院（中医学与中药学 360）、厦门大学抗癌研究中心（基础医学 310）
社会人文科学研究（7350）	3	福建省科学技术信息研究所（图书馆、情报与文献学 870）、福建省农业科学院农业经济与科技信息研究所（经济学 790）、福建省体育科学研究所（体育科学 890）

附表 3 福建省属公益类科研院所重点发展学科

院所名称	重点研究部门及重点发展学科
福建海洋研究所	福建省海岛与海岸带管理技术研究重点实验室（海洋科学 17060）、福建省海陆界面生态与环境重点实验室（海洋科学 17060）、海洋化学（环境科学技术与资源科学技术其他学科 61099）、海上调查与数据中心（信息与系统科学相关工程与技术其他学科 41399）、海洋生物（生物工程 41640）
福建省标准化研究院	标准研究所（标准科学技术 41050）、标准信息所（标准科学技术 41050）、台湾标准研究中心（标准科学技术 41050）、编码应用研究所（信息技术系统性应用 41330）
福建省环境科学研究院	福建省环境工程重点实验室（环境工程学 61030）
福建省计量科学研究院	福建省能源重点实验室（计量学 41055）、国家城市能源计量中心（福建）（计量学 41055）、国家蒸汽流量计产品质量监督检验中心（计量学 41055）、国家光伏产业计量测试中心（计量学 41055）
福建省林业科学研究院	国家林业局南方山地用材林培育重点实验室（林木遗传育种学 22015）、福建省森林培育与林产品加工利用重点实验室（林学其他学科 22099）
福建省农业科学院茶叶研究所	福建省茶树育种工程中心（园艺学 21040）、国家茶树改良中心福建分中心（园艺学 21040）、茶树种质资源野外科学观测站建设（园艺学 21040）
福建省农业科学院畜牧兽医研究所	福建省水禽分子遗传育种实验室（畜牧学 23020）、福建省兽医生物安全三级实验室（兽医学 23030）、福建省畜禽疾病防治技术工程研究中心（兽医学 23030）、畜禽疫苗生产性工程化实验室（兽医学 23030）、智能养兔生产性工程化实验室（畜牧学 23020）、禽病防治重点实验室（兽医学 23030）
福建省农业科学院果树研究所	福建省龙眼枇杷育种工程技术研究中心（园艺学 21040）、国家果树种质福州龙眼枇杷圃（园艺学 21040）、国家荔枝龙眼产业技术体系龙眼育种岗位（园艺学 21040）、国家梨产业技术体系福州综合试验站（园艺学 21040）、国家葡萄产业技术体系福州综合试验站（园艺学 21040）、国家桃产业技术体系福州综合试验站（园艺学 21040）、橄榄种质资源圃（园艺学 21040）
福建省农业科学院农业工程技术研究所	国家食用菌加工技术研发分中心（食品科学技术基础学科 55010）、福建省食品生物发酵技术工程研究中心（生物工程 41640）、福建省农产品发酵加工工程技术研究中心（农产品贮藏与加工 21045）、农村能源与设施农业研究室（环境工程学 61030）、农业环保研究室（环境工程学 61030）、台湾果树研究室（园艺学 21040）、福建省农产品（食品）加工重点实验室（农产品贮藏与加工 21045）
福建省农业科学院农业经济与科技信息研究所	福建省台湾农业研究中心（农业经济学 79059）
福建省农业科学院农业生态研究所	国家红萍资源中心（农艺学 21030）、农业部福州农业环境科学观测实验站（生态学 18044）、国家草品种区域试验站（畜牧学 23020）、福建省山地草业工程技术研究中心（农业基础学科 21020）、福建省丘陵地区循环农业工程技术研究（农业基础学科 21020）、福建省红壤山地农业生态过程重点实验室（农业基础学科 21020）
福建省农业科学院农业生物资源研究所	微生物菌剂开发与应用国家地方联合工程研究中心（植物保护学 21060）、海西农业微生物菌剂国际科技合作基地（微生物学 18061）、福建省中药种质资源保护利用与共享平台（中医学与中药学其他学科 36099）、农业部福州热带作物科学观测实验站（园艺学 21040）、农业部东南区域农业微生物资源利用科学观测实验站（微生物学 18061）、农业部福州农业环境科学观测实验站（环境科学技术及资源科学技术其他学科 61099）、福建省农业生物药物研究与应用工程技术中心（微生物学 18061）

（续表）

院所名称	重点研究部门及重点发展学科
福建省农业科学院农业质量标准与检测技术研究所	农业部农产品质量安全风险评估实验室（福州）（农学其他学科 21099）、全国农产品质量安全科普示范基地（农学其他学科 21099）、全国名特优新农产品营养评价鉴定机构（农学其他学科 21099）
福建省农业科学院生物技术研究所	福建省农业遗传工程重点实验室（分子生物学 18037）、福建省水稻转基因育种工程技术研究中心（分子生物学 18037）、福建省水产病害防治工程技术研究中心（水产保护学 24030）、作物分子设计育种（农业基础学科 21020）、水产动物病害防控（水产保护学 24030）、抗生素替代物的研发（园艺学 21040）
福建省农业科学院食用菌研究所	特色食用菌繁育与栽培国家地方联合工程研究中心（园艺学 21040）、福建省双孢蘑菇工程技术研究中心（园艺学 21040）
福建省农业科学院水稻研究所	福建省福州市省级作物品种试验站（农艺学 21030）、农业部华南杂交水稻种质创新与分子育种重点实验室（分子生物学 18037）、福建省作物种质创新与分子育种重点实验室（分子生物学 18037）、水稻国家工程实验室（福州）（农艺学 21030）、福州（国家）水稻改良分中心（农艺学 21030）、福建省水稻材料分子育种重点实验（分子生物学 18037）、福建省水稻分子育种重点实验室（分子生物学 18037）、福建省作物分子育种工程实验室（分子生物学 18037）、福建省水稻育种工程技术研究中心（农艺学 21030）、农业部作物基因资源与种质创制福建科学观测实验站（分子生物学 18037）、水稻育种栽培技术创新基地（分子生物学 18037）、福建省优质抗稻瘟病不育系谷丰 A、全丰 A 原原种扩繁基地（分子生物学 18037）、福建省水稻育种材料种质资源库（农艺学 21030）
福建省农业科学院土壤肥料研究所	国家绿肥产业体系岗位（农业基础学科 21020）、农业部耕地保育福建观测实验站（土壤学 21050）、福建省地力培育工程技术研究中心（农业基础学科 21020）、面源污染国控点（闽侯重点监测点）（农业基础学科 21020）、面源污染国控点（将乐重点监测点）（农业基础学科 21020）、水溶肥工程化实验室（农业基础学科 21020）
福建省农业科学院植物保护研究所	农业部福州作物有害生物科学观测实验站（植物保护学 20160）、农药环境安全评价试验平台（植物保护学 20160）、福建省农作物害虫天敌资源工程技术研究中心（植物保护学 20160）、农业部农药药效登记试验单位（植物保护学 20160）、福建省农作物品种抗性工程技术研究中心（植物保护学 20160）、福建省农作物有害生物监测与治理重点实验室（植物保护学 20160）
福建省农业科学院作物研究所	薯类作物育种技术创新及新品种选育（农艺学 21030）、旱地禾谷类作物育种技术创新及新品种选育（农艺学 21030）、豆科作物育种技术创新及新品种选育（农艺学 21030）、特色蔬菜育种与技术创新（园艺学 21040）、特色花卉育种与技术创新（园艺学 21040）
福建省水产研究所	水产种质资源与遗传育种研究室（水产学基础学科 24010）、水产增养殖技术与渔业设施研究室（水产增值学 24015）、水产养殖环境与病害防控研究室（水产保护学 24030）、海洋生物高值化利用研究室（水产品贮藏与加工 24040）、水产品质量评价与食用安全控制研究室（水产学其他科学 24099）、国家海水鱼类加工技术研发分中心（厦门）（水产品贮藏与加工 24040）、海洋渔业资源保护与远洋渔业开发实验室（水产品贮藏与加工 24040）、福建省海洋渔业种业工程研究中心（水产养殖学 24020）、海洋生物种业技术国家地方联合工程研究中心（水产养殖学 24020）
福建省体育科学研究所	竞技体育研究室（运动训练学 89045）
福建省微生物研究所	福建省新药（微生物）筛选重点实验室（微生物药物学 35025）、福建省微生物药物工程研究中心（微生物药物学 35025）、福建省微生物及化学制药行业技术开发基地（微生物药物学 35025）、福建省红曲微生物技术开发应用工程研究中心（微生物药物学 35025）
福建省医学科学研究院	福建省医学测试重点实验室（基础医学其他学科 31099）

（续表）

院所名称	重点研究部门及重点发展学科
福建省中医药研究院	国家中医药管理局经络感传重点研究室（中医学 36010）、国家中医药管理局针灸生理三级实验室（中医学 36010）、全国名老中医林求诚传承工作室（中医学 36010）、福建省中医药研究院技术转移中心（中医学与中药学其他学科 36099）、闽台牛樟芝产业技术合作基地（中医学与中药学其他学科 36099）、福建省省级产学研合作示范基地（中医学与中药学其他学科 36099）、福建省中医睡眠医学重点实验室（中医学 36010）、福建省经络感传重点实验室（中医学 36010）、福建省中医药特色技术和方药筛选评价中心（中药学 36040）、福建省青草药开发服务中心（中药学 36040）、保健按摩师执业技能鉴定站（中医学 36010）、福建省中医药防治老年病脑功能障碍研究室（中医学 36010）、福建省中医药针灸仪器研究室（中医学 36010）、福建省中医药抗肿瘤的生物与化学评价研究室（中药学 36040）、福建特色青草药开发研究室（中药学 36040）、福建省骨质疏松证候基因组学研究室（中医学 36010）、福建省神经病理生理二级实验室（中西医结合医学 36030）、福建省临床药理二级实验室（中药学 36040）、福建省生化免疫二级实验室（中西医结合医学 36030）、福建省血液流变学二级实验室（中西医结合医学 36030）、福建省中药化学二级实验室（中药学 36040）、福建省中药药理二级实验室（中药学 36040）、朱亨炤福建省名老中医药专家传承工作室（中医学 36010）、黄俊山福建省名老中医药专家传承工作室（中医学 36010）、国家药物临床试验机构（中医学 36010）
福建师范大学地理研究所	湿润亚热带山地生态省部共建国家重点实验室培育基地（地理学 17045）、湿润亚热带生态地理过程省部共建教育部重点实验室（地理学 17045）、福建省亚热带资源与环境重点实验室（资源科学技术 61050）

附表 4　福建省属公益类科研院所主要历史发展沿革

院所名称	主要历史发展沿革
福建海洋研究所	始建于 1979 年，同年将厦门市所属的海水综合利用试验站撤销，其事业编制二十名划归福建海洋研究所，1980 年起开始执行。现地址：厦门市湖里区东渡海山路 30 号。
福建省安全生产科学研究院	始建于 1984 年的福建省劳动保护科学研究所，2010 年更为现名。现地址：福州市鼓楼区北环中路 45 号。
福建省标准化研究院	始建于 1979 年的福建省技术监督情报研究所和福建省标准化研究所，2010 年更为现名。现地址：福州市晋安区六一北路 15 号。
福建省测试技术研究所	始建于 1979 年，1989 年加挂“福建省分析测试中心”牌子。现地址：福州市鼓楼区北环中路 61 号。
福建省淡水水产研究所	前身是创办于 1962 年的福建省水产研究所淡水分所，1984 年成立并更为现名。现地址：福州市鼓楼区西洪路 555 号。
福建省环境科学研究院	始建于 1978 年的福建省环境保护科学研究所，2005 年更为现名。现地址：福州市晋安区茶园小区环北三村 10 号楼。
福建省计划生育科学技术研究所	始建于 1985 年的福建省计划生育研究室，1986 年成立福建省计划生育科学技术研究所，2006 年更名为“福建省人口和计划生育科学技术研究所”，2015 年更为现名。地址：福州市晋安区金鸡山路 19 号。
福建省计量科学研究院	始建于 1960 年的福建省计量科学技术研究所，2010 年更为现名。现地址：福州市鼓楼区屏东路 9 号。
福建省科学技术信息研究所	始建于 1960 年的福建省科学技术情报研究所，1993 年更为现名，2002 年加挂“福建省生产力促进中心”牌子。现地址：福州市鼓楼区北环西路 122 号。

（续表）

院所名称	主要历史发展沿革
福建省林业科学研究院	始建于1958年的福建省林业科学研究所，1996年更名现名。现地址：福州市晋安区新店镇上赤桥35号。
福建省闽东水产研究所	前身是1978年恢复的福建省水产研究所三沙分所，1981年成立并更为现名。现地址：宁德市蕉城区南际路60号。
福建省农业机械化研究所	前身是创办于1953年的福建省农具试验厂，1959年成立并更名为福建省农业机械化研究所，2000年加挂“福建省机械科学研究院”牌子。现地址：福州市鼓楼区六一中路115号。
福建省农业科学院茶叶研究所	前身是创办于1935年8月的福建省建设厅福安茶业改良场。1949年新中国成立后，由中国茶业公司福建省分公司阳头茶厂接管。1961年改隶省管，直属福建省农业科学院领导，定名“福建省农业科学院茶叶研究所”。1970年再次下放，归福安专区革命委员会领导，改名“福安专区茶叶试验场”“福建省宁德地区茶业科学研究所”等。1975年再次改隶福建省农业科学院领导，恢复使用现名至今。现地址：宁德市福安市社口镇湖头洋1号。
福建省农业科学院畜牧兽医研究所	始建于1960年。现地址：福州市晋安区新店埔垱。
福建省农业科学院果树研究所	始建于1960年。现地址：福州市晋安区新店埔垱。
福建省农业科学院农业工程技术研究所	始建于1980年的福建省农业科学院地热农业利用研究所，2005年更为现名。现地址：福州市鼓楼区五四路247号。
福建省农业科学院农业经济与科技信息研究所	始建于1979年的福建省农业科学院科技情报研究所，2000年11月加挂“福建省台湾农业研究中心”牌子，2005年7月更为现名。现地址：福州市鼓楼区五四路247号。
福建省农业科学院农业生态研究所	前身是创办于1983年的农业部与福建省政府共建的福建省农业科学院红萍研究中心，2005年成立并更为现名。现地址：福州市晋安区新店埔垱。
福建省农业科学院农业生物资源研究所	成立于2008年。现地址：福州市鼓楼区五四路247号。
福建省农业科学院农业质量标准与检测技术研究所	始建于1984年的福建省农业科学院中心实验室，2016年更为现名。现地址：福州市鼓楼区五四路247号。
福建省农业科学院生物技术研究所	始建于1989年的福建省农业科学院农牧业与红萍生物技术研究中心，1998年更名为福建省农业科学院生物技术中心，2005年更为现名。现地址：福州市鼓楼区五四路247号。
福建省农业科学院食用菌研究所	成立于2009年。由2007年2月福建省轻工业研究所的蘑菇菌种研究推广站划转到福建省农业科学院，2009年4月，福建省农业科学院整合全院4个研究所（站）的食用菌研究单元（福建省蘑菇菌种研究推广站、植保所应用真菌研究室、土肥所食用菌开发应用研究中心和农业工程所食用菌研究课题），合并成立福建省农业科学院食用菌研究所。现地址：福州市晋安区前横路95弄10号。
福建省农业科学院水稻研究所	前身是创办于1935年的福建省农林改良种场长乐分场。1939年扩建为福建省农事试验场，1959年扩大为农艺系，文化大革命期间受冲击解散，后恢复为福建省农业科学试验站育种组。1975年成立福建省农业科学院稻麦研究所，2005年更为现名。现地址：福州市仓山区城门镇连坂。
福建省农业科学院土壤肥料研究所	始建于1978年。现地址：福州市晋安区新店埔垱。
福建省农业科学院亚热带农业研究所	始建于1958年的福建省农业科学院蔗麻研究所，1985年更名为甘蔗研究所，2001年增挂“福建省农业科学院闽台园艺研究中心”牌子，2016年更为现名。现地址：漳州市龙文区朝阳镇。

（续表）

院所名称	主要历史发展沿革
福建省农业科学院植物保护研究所	始建于 1978 年。现地址：福州市晋安区新店埔垱。
福建省农业科学院作物研究所	始建于 1978 年的福建省农业科学院耕作轮作研究所，2005 年更为现名。现地址：福州市晋安区新店埔垱。
福建省热带作物科学研究所	始建于 1961 年。现地址：漳州市芗城区天宝五峰。
福建省水产研究所	前身是创办于 1957 年的福建省水产实验所。1959 年福建省水产实验所与福建省水产资源勘察队合并，经福建省委批准，改为福建省水产科学研究所。1975 年更为现名。1979 年经福建省水产局批准，福建省水产资源调查队成立，并与福建省水产研究所合署办公。现地址：厦门市湖里区东渡海山路 7 号。
福建省水利水电科学研究院	始建于 1959 年的福建省水利水电科学研究所，2006 年更为现名。现地址：福州市鼓楼区东水路 83 号。
福建省体育科学研究所	始建于 1984 年。现地址：福州市鼓楼区福飞路 151 号。
福建省微生物研究所	前身是创办于 1955 年的福建师范学院化学系抗生素研究室。1959 年，抗生素研究室并入福建师范学院生物系微生物研究组，成立福建师范学院生物系微生物生化教研室。1960 年，中国科学院福建分院与福建师范学院合办福建省生物研究所。1962 年，福建省生物研究所调整撤消，保留微生物研究室作为独立的研究机构，属中国科学院华东分院领导，成为“中国科学院华东亚热带植物研究所微生物研究室”。1970 年，中国科学院体制调整，将微生物研究室下放福建省。1971 年，将微生物研究室改名为“福建省微生物研究所”，隶属福州市革委会，由市化工局领导。1976 年起，福建省微生物研究所收归省管，由福建省科委领导。1995 年，将共建后的福建省微生物研究所名称定为“国家医药管理局福建省微生物研究所”，业务工作由国家医药管理局科技教育司和福建省科委负责指导和管理。2004 年，将国家医药管理局福建省微生物研究所更名为“福建省微生物研究所”，更名后其机构性质、隶属关系、人员编制、经费渠道不变。现地址：福州市仓山区进步路 25 号。
福建省武夷山生物研究所	前身是创办于 1979 年的福建省科委武夷山自然保护区科学工作站，1980 年成立并更为现名。现地址：南平市武夷山市百花路 310 号。
福建省医学科学研究院	始建于 1980 年的福建省医学科学研究所，2010 年更为现名。现地址：福州市鼓楼区五四路 7 号。
福建省中医药研究院	始建于 1957 年的福建省中医药研究所，1992 年更为现名。现地址：福州市鼓楼区五四路 282 号。
福建师范大学地理研究所	前身是创办于 1958 年的中国科学院华东分院福建地理研究所，1960 年为福建科学分院（筹）地理研究所，1962 年迁厦门筹建海洋研究所（现国家海洋局第三海洋研究所），1965 年福建省科委下文恢复地理所，为福建省科委下属研究单位，附设在福建师范学院，1970 年“文革”中随福建师范学院的撤销和教职员下放而停办；1983 年以福建师范大学地理研究所名称恢复，属省科委编制，省编办单列编制和经费；2001 年改制后进入高校，经费单独列支。现地址：福州市仓山区上三路 8 号。
厦门大学抗癌研究中心	始建于 1984 年，是由福建省政府与厦门大学联合举办的科研机构。2000 年与厦门大学生物系联合成立厦门大学生命科学院，2004 年转入厦门大学医学院。现地址：厦门市翔安区翔安南路厦大翔安校区医学院成义楼 3 楼。

附表 5　2018 年福建省属公益类科研院所专利申请与授权分布

公益类科研院所	专利申请受理数（件）	其中：发明专利	人均专利申请受理数（件/人）	专利授权数（件）	其中：发明专利	人均专利授权数（件/人）
福建省农业科学院畜牧兽医研究所	59	42	0. 66	42	7	0. 47
福建省农业科学院植物保护研究所	53	47	0. 84	39	24	0. 62
福建省农业科学院果树研究所	38	30	0. 53	32	9	0. 44
福建省农业科学院亚热带农业研究所	38	26	1. 19	17	1	0. 53
福建省农业科学院茶叶研究所	23	21	0. 32	16	7	0. 22
福建省林业科学研究院	12	8	0. 12	13	5	0. 13
福建省农业科学院农业工程技术研究所	41	39	0. 69	13	10	0. 22
福建省农业科学院土壤肥料研究所	14	8	0. 30	12	2	0. 26
福建省计量科学研究院	8	3	0. 03	11	4	0. 04
福建省农业科学院农业质量标准与检测技术研究所	24	23	0. 39	10	3	0. 16
福建省农业机械化研究所	4	3	0. 05	9	1	0. 11
福建省水产研究所	13	9	0. 09	9	3	0. 06
福建省微生物研究所	24	24	0. 27	8	8	0. 09
福建省农业科学院农业生物资源研究所	13	13	0. 21	6	6	0. 10
福建省农业科学院农业生态研究所	22	22	0. 43	5	3	0. 10
福建省农业科学院生物技术研究所	23	21	0. 31	4	1	0. 05
福建省农业科学院食用菌研究所	5	5	0. 19	4	4	0. 15
福建省测试技术研究所	0	0	0. 00	3	3	0. 06
福建省农业科学院水稻研究所	16	13	0. 15	3	1	0. 03
福建省闽东水产研究所	2	2	0. 08	2	2	0. 08
福建省农业科学院农业经济与科技信息研究所	0	0	0. 00	2	0	0. 04
福建省农业科学院作物研究所	19	19	0. 32	2	2	0. 03
福建省水利水电科学研究院	1	1	0. 02	2	1	0. 03
福建省中医药研究院	5	4	0. 07	2	1	0. 03
福建省淡水水产研究所	5	4	0. 07	1	0	0. 01
福建省环境科学研究院	2	2	0. 03	1	0	0. 01
福建省医学科学研究院	3	3	0. 06	1	1	0. 02
福建师范大学地理研究所	3	2	0. 10	1	0	0. 03
福建海洋研究所	0	0	0. 00	0	0	0. 00
福建省安全生产科学研究院	0	0	0. 00	0	0	0. 00
福建省标准化研究院	0	0	0. 00	0	0	0. 00
福建省计划生育科学技术研究所	0	0	0. 00	0	0	0. 00

（续表）

公益类科研院所	专利申请受理数（件）	其中：发明专利	人均专利申请受理数（件/人）	专利授权数（件）	其中：发明专利	人均专利授权数（件/人）
福建省科学技术信息研究所	1	1	0.01	0	0	0.00
福建省热带作物科学研究所	7	7	0.16	0	0	0.00
福建省体育科学研究所	0	0	0.00	0	0	0.00
福建省武夷山生物研究所	0	0	0.00	0	0	0.00
厦门大学抗癌研究中心	0	0	0.00	0	0	0.00

附表 6　2018 年福建省属公益类科研院所发明专利授权情况

标题	发明人	专利权人	授权公告日
一种农药提取液及其应用	黄敏、蔡琪、刘薇、张青松	福建省测试技术研究所	2018 年 9 月 4 日
一种茶叶或茶青中农药残留的检测方法	黄敏、蔡琪、刘薇、张青松	福建省测试技术研究所	2018 年 4 月 10 日
一种 Et 试剂及其应用	黄敏、蔡琪、刘薇、张青松	福建省测试技术研究所	2018 年 2 月 16 日
一种拉曼光谱快速检测仪的评价方法	罗峰、黄伟	福建省计量科学研究院	2018 年 3 月 23 日
一种提高汽车衡准确度的温度补偿方法	姚进辉、梁伟、林硕、郭贵勇、王秀荣、赖征创	福建省计量科学研究院	2018 年 10 月 23 日
一种疲劳试验机的双油泵液压控制系统和控制方法	姚进辉、赖征创、王秀荣、梁伟、林硕、郭贵勇	福建省计量科学研究院	2018 年 10 月 23 日
一种总辐射表灵敏度快速校准装置及方法	罗海燕、张煌辉、杨爱军、李杰、魏鹏、邓小云、黎健生、林剑春、许航、林军	福建省计量科学研究院	2018 年 7 月 6 日
一种对波纹杂毛虫幼虫具有致病力的白僵菌菌株及其应用	蔡守平、何学友、詹祖仁、吴培衍	福建省林业科学研究院	2018 年 9 月 21 日
一株对老挝拟棘天牛具有致病力的绿僵菌菌株及其应用	何学友、蔡守平、苏文晶、钟景辉、陈曜	福建省林业科学研究院	2018 年 8 月 17 日
一种紫薇艺术字造型的高效培育方法	范辉华、姚湘明、李乾振、汤行昊、张娟、张天宇	福建省林业科学研究院	2018 年 5 月 25 日
一种木麻黄生根育苗的方法	柯玉铸、叶功富、黄金水、黄国清、杨希、曾丽琼、林延生、陈文山、林喜金、素兰	福建省林业科学研究院	2018 年 11 月 13 日
一种金龟子绿僵菌固体培养方法	蔡守平、何学友、曾丽琼、黄金水、汤陈生、嵇保中	南京林业大学；福建省林业科学研究院	2018 年 11 月 23 日
一种海参养殖笼保护罩的制作方法	全汉锋、王兴春、陈云、谢友佺、范希军	福建省闽东水产研究所	2018 年 12 月 18 日
适用于大黄鱼的循环水养殖系统	王兴春、全汉锋、谢友佺、施学文、刘巧灵、黄惠珍、张芳芳、范希军	福建省闽东水产研究所	2018 年 12 月 11 日

（续表）

标题	发明人	专利权人	授权公告日
一种套袋装置	陈声佩	福建省农业机械化研究所	2018 年 3 月 9 日
一种栗香带花香型乌龙茶的加工方法	陈常颂、王秀萍、陈泉宾	福建省农业科学院茶叶研究所	2018 年 1 月 9 日
一种清明草代用茶的制备方法	王秀萍、陈常颂、游小妹	福建省农业科学院茶叶研究所	2018 年 5 月 18 日
一种紫红色茶汤适口型绿茶的加工方法	王秀萍、陈常颂	福建省农业科学院茶叶研究所	2018 年 5 月 1 日
一种泡沫和水雾一体化发生装置	曾明森	福建省农业科学院茶叶研究所	2018 年 11 月 6 日
一种茶树去雄方法	陈常颂、孔祥瑞、单睿阳、陈志辉、王秀萍	福建省农业科学院茶叶研究所	2018 年 9 月 18 日
一种用于茶叶干湿两用的审评台	孙君、张文锦、朱留刚、林志坤、吴志丹、王峰	福建省农业科学院茶叶研究所	2018 年 4 月 20 日
一种基于茶树挥发物的蓟马引诱剂	张辉、吴光远、李慧玲、钟秋生、王庆森、曾明森、王定锋、李良德	福建省农业科学院茶叶研究所	2018 年 2 月 16 日
致产蛋异常重要病毒多重 PCR 检测引物及方法	傅光华、傅秋玲、黄瑜、程龙飞、施少华、陈红梅、万春和、陈翠腾、林建生	福建省农业科学院畜牧兽医研究所	2018 年 1 月 9 日
一种防治羊传染性胸膜肺炎的配合饲料	董晓宁、余文权、应建翔、张晓佩、刘远、李文杨、高承芳、陈鑫珠	福建省农业科学院畜牧兽医研究所	2018 年 6 月 22 日
分泌鸭 1 型甲肝病毒亚型单克隆抗体的杂交瘤细胞株	傅秋玲、傅光华、黄瑜、程龙飞、施少华、万春和、陈红梅、林建生、陈珍、陈翠腾、朱春华	福建省农业科学院畜牧兽医研究所	2018 年 8 月 31 日
一种区别鸭肝炎病毒 1 型和新血清型的 PCR－RFLP 引物及方法	万春和、黄瑜、施少华、傅光华、陈红梅、程龙飞、傅秋玲、陈珍、陈翠腾	福建省农业科学院畜牧兽医研究所	2018 年 8 月 14 日
一种用于扩增鹅细小病毒基因组的引物	万春和、黄瑜、陈红梅、程龙飞、傅光华、傅秋玲、施少华、陈翠腾	福建省农业科学院畜牧兽医研究所	2018 年 5 月 18 日
一种猪繁殖与呼吸综合征病毒血清学鉴别诊断试剂盒	陈如敬、吴学敏、周伦江、陈秋勇、车勇良、严山、王晨燕、王隆柏、魏宏、刘玉涛	福建省农业科学院畜牧兽医研究所	2018 年 6 月 22 日
猪繁殖与呼吸综合征血清学鉴别诊断试剂盒	陈如敬、周伦江、吴学敏、车勇良、陈秋勇、王晨燕、严山、王隆柏、魏宏、刘玉涛	福建省农业科学院畜牧兽医研究所	2018 年 3 月 6 日
一种李辐射变异材料的早期鉴定方法	方智振、叶新福、周丹蓉、潘少霖、姜翠翠	福建省农业科学院果树研究所	2018 年 9 月 21 日
栽培用灯笼状果实套袋及其灯笼式果实套袋栽培法	张丽梅、许家辉、陈志峰、魏秀清、章希娟、余东、许玲	福建省农业科学院果树研究所	2018 年 6 月 26 日
一种处理葡萄主蔓缺枝少果的方法	雷龑、黄新忠、刘鑫铭、陈婷	福建省农业科学院果树研究所	2018 年 2 月 16 日

（续表）

标题	发明人	专利权人	授权公告日
基于转录组序列开发的李 SSR 标记引物对及其应用	方智振、叶新福、周丹蓉、姜翠翠、潘少霖	福建省农业科学院果树研究所	2018 年 2 月 16 日
龙眼胚胎发育相关基因 DlIKU1 及其应用	姜帆、田真真、郑少泉、陈亮	福建省农业科学院果树研究所	2018 年 9 月 11 日
一种保障龙眼挂树保鲜期果实品质的药剂及其应用方法	魏秀清、许家辉、许玲、章希娟	福建省农业科学院果树研究所	2018 年 9 月 4 日
一种大花栀子花苞的组织培养方法	高敏霞、叶新福、韦晓霞、王小安	福建省农业科学院果树研究所	2018 年 2 月 6 日
一种大容量滑入式液氮提桶	林旗华、张泽煌、钟秋珍	福建省农业科学院果树研究所	2018 年 10 月 2 日
一种镶嵌式易存取的液氮提桶	林旗华、张泽煌、钟秋珍	福建省农业科学院果树研究所	2018 年 8 月 21 日
一种酿酒酵母菌菌株	赖呈纯、范丽华、黄贤贵、潘红	福建省农业科学院农业工程技术研究所	2018 年 12 月 18 日
一株嗜热链球菌	官雪芳、林斌、徐庆贤、钱蕾	福建省农业科学院农业工程技术研究所	2018 年 7 月 27 日
一种杏鲍菇泡菜的制作方法	郑恒光、陈君琛、翁敏劼、汤葆莎、吴俐、杨艺龙	福建省农业科学院农业工程技术研究所	2018 年 7 月 6 日
一种解决茂谷桔橙裂果的方法	余亚白、王琦、林斌、陈源、高慧颖、赖呈纯、谢鸿根	福建省农业科学院农业工程技术研究所	2018 年 6 月 12 日
地衣芽孢杆菌菌株及其应用	官雪芳、徐庆贤、林斌、钱蕾	福建省农业科学院农业工程技术研究所	2018 年 3 月 23 日
巨大芽孢杆菌菌株及其应用	林斌、官雪芳、徐庆贤、钱蕾	福建省农业科学院农业工程技术研究所	2018 年 3 月 23 日
一种分段式有机硒营养强化制备的富硒葛淀粉及其方法	吴俐、陈君琛、沈恒胜、汤葆莎、赖谱富	福建省农业科学院农业工程技术研究所	2018 年 2 月 16 日
一种枯草芽孢杆菌菌株及其应用	官雪芳、徐庆贤、林斌、钱蕾	福建省农业科学院农业工程技术研究所	2018 年 1 月 9 日
一种杏鲍菇香丝及其制备方法	翁敏劼、陈君琛、沈恒胜、赖谱富	福建省农业科学院农业工程技术研究所	2018 年 10 月 2 日
具有抑制黄嘌呤氧化酶的李果提取物微胶囊及其制备方法	李怡彬、陈君琛、汤葆莎、吴俐	福建省农业科学院农业工程技术研究所	2018 年 6 月 22 日
利用养殖垫料制备高品质双孢蘑菇或姬松茸培养料的方法	陈钟佃、黄秀声、黄勤楼、冯德庆、钟珍梅、张丽梅	福建省农业科学院农业生态研究所	2018 年 7 月 10 日
一种受控密闭实验舱及其气密性测试方法	杨有泉、陈敏、邓素芳、蔡淑芳、雷锦桂	福建省农业科学院农业生态研究所	2018 年 10 月 9 日
一种瓜蒌的限根栽培方法	林昇平、黄小云、陈敏健、陈泳和、韩海东、饶宝蓉、邹荣春	福建省南平市农业科学研究所；福建省农业科学院农业生态研究所；南平市华科生物科技有限公司	2018 年 6 月 22 日
一种产低温蛋白酶的耐寒芽孢杆菌菌株	刘波、刘国红、车建美、朱育菁、刘琴英、葛慈斌、唐建阳	福建省农业科学院农业生物资源研究所	2018 年 6 月 8 日
一种产表面活性剂的特基拉芽孢杆菌菌株	刘波、陈倩倩、王阶平、车建美、刘国红、龚海艳、唐建阳	福建省农业科学院农业生物资源研究所	2018 年 1 月 19 日

（续表）

标题	发明人	专利权人	授权公告日
一种生菜乳酸菌发酵软冰淇淋的制备方法	刘波、刘芸、陈倩倩、朱育菁、唐建阳、刘丹莹、曹宜	福建省农业科学院农业生物资源研究所	2018年1月16日
一种地毯草黄单胞菌菌株及应用	朱育菁、郑梅霞、刘波、黄素芳、潘志针、陈峥	福建省农业科学院农业生物资源研究所	2018年1月9日
异位发酵床畜禽养殖粪污处理系统及其应用	刘波、戴文霄、余文权、蓝江林、陈倩倩、王阶平、黄勤楼、陈华、陈峥、朱育菁、潘志针	福建省农业科学院农业生物资源研究所；福建省农科农业发展有限公司	2018年12月18日
一种微生物发酵床垫料发酵程度色差识别方法	刘波、朱育菁、潘志针、陈峥、许炼、史怀、唐建阳	福建省农业科学院农业生物资源研究所	2018年8月21日
一种制备鱼类肠壁黏液菌群DNA的方法	黄薇、宋永康、田宝玉、廖茜、林恬、王超	福建省农业科学院农业质量标准与检测技术研究所；福建师范大学	2018年9月28日
澳洲龙纹斑鱼苗的培养方法	罗钦、罗土炎、饶秋华	福建省农业科学院农业质量标准与检测技术研究所	2018年9月4日
澳洲龙纹斑的繁殖方法	罗钦、罗土炎、饶秋华	福建省农业科学院农业质量标准与检测技术研究所	2018年8月21日
一种水稻胚乳特异表达启动子pOsPYL8	陈松彪、陈子强、王锋、陈在杰	福建省农业科学院生物技术研究所	2018年4月24日
一种含养猪垫料的平菇培养料及其制备方法	应正河、翁伯琦、林衍铨、罗旭辉、马璐、黄秀声、江晓凌	福建省农业科学院食用菌研究所	2018年9月25日
一种含养猪垫料的毛木耳培养料及其制备方法	应正河、翁伯琦、林衍铨、罗旭辉、马璐、黄秀声、江晓凌	福建省农业科学院食用菌研究所	2018年7月24日
一种含养猪垫料的杏鲍菇培养料及其制备方法	应正河、翁伯琦、林衍铨、罗旭辉、马璐、黄秀声、江晓凌	福建省农业科学院食用菌研究所	2018年6月15日
一种食用菌dsRNA病毒的检测方法	肖冬来、杨菁、张迪、黄小菁	福建省农业科学院食用菌研究所	2018年10月9日
一种种子烘干房及种子烘干方法	吴志源、蔡巨广、雷上平、谢美珠、张以华、胡荣华、张琳	福建省农业科学院水稻研究所	2018年3月16日
多功能酸性土壤调理剂及其应用方法	丁洪、郑祥洲、李文卿、张玉树、唐莉娜、陈顺辉、张晶	福建省农业科学院土壤肥料研究所；中国烟草总公司福建省公司	2018年10月30日
自主循环潮汐水位控制器和栽培器及工作方法	林琼、吴一群	福建省农业科学院土壤肥料研究所	2018年8月24日
一种利用红麻骨制备泥炭土的方法	曾日秋、姚运法、洪建基、练冬梅、王兆秀、赖正锋	福建省农业科学院亚热带农业研究所	2018年12月14日
一种荔枝霜疫霉菌LAMP引物及其快速检测方法	李本金、陈庆河、刘裴清、刘小丽、翁启勇	福建省农业科学院植物保护研究所	2018年11月9日
一种荔枝霜疫霉菌分子检测引物及其检测方法	李本金、陈庆河、刘裴清、刘小丽、黄宏臻、翁启勇	福建省农业科学院植物保护研究所	2018年10月30日
豇豆疫霉菌LAMP检测引物及其检测方法	陈庆河、翁启勇、李本金、刘裴清、刘小丽	福建省农业科学院植物保护研究所	2018年10月2日
诱导辣椒疫霉菌产生孢子囊并释放游动孢子的方法	刘裴清、陈庆河、李本金、翁启勇	福建省农业科学院植物保护研究所	2018年10月2日
番茄晚疫病菌PCR检测引物、试剂盒及检测方法	兰成忠、何玉仙、赵建伟、阮宏椿	福建省农业科学院植物保护研究所	2018年6月29日

（续表）

标题	发明人	专利权人	授权公告日
番石榴炭疽病菌特异性 PCR 检测引物及其检测方法	兰成忠、姚婂爱、余德亿、阮宏椿、黄鹏	福建省农业科学院植物保护研究所	2018 年 6 月 22 日
菜用大豆中平头炭疽菌的特异性 PCR 检测引物及其检测方法	兰成忠、阮宏椿、杜宜新	福建省农业科学院植物保护研究所	2018 年 5 月 18 日
一种玉米小斑病菌产孢培养基及其制备方法和应用	杨秀娟、陈福如、甘林、阮宏椿、杜宜新、石妞妞	福建省农业科学院植物保护研究所	2018 年 4 月 24 日
豇豆疫霉菌 PCR 检测引物及其检测方法	兰成忠、阮宏椿、姚婂爱、吴玮	福建省农业科学院植物保护研究所	2018 年 4 月 10 日
以亚磷酸盐作为激发子诱导辣椒系统抗病性的方法	刘裴清、陈庆河、李本金、翁启勇	福建省农业科学院植物保护研究所	2018 年 3 月 23 日
用于番茄灰霉病菌检测的 PCR 引物及其检测方法	兰成忠、何玉仙、赵建伟、阮宏椿	福建省农业科学院植物保护研究所	2018 年 2 月 27 日
一种诱导辣椒疫霉菌产生毒性分泌蛋白的方法	刘裴清、陈庆河、李本金、丁雪玲、翁启勇	福建省农业科学院植物保护研究所	2018 年 2 月 13 日
一种再生稻田杂草的综合防除方法	王长方、王俊、陈峰、吴玮、胡进锋、魏辉	福建省农业科学院植物保护研究所	2018 年 1 月 12 日
一种用于铁皮石斛大棚种植的简约化控害方法	黄鹏、余德亿、姚锦爱、蓝炎阳	福建省农业科学院植物保护研究所	2018 年 11 月 30 日
一种基于多壁碳纳米管的昆虫性信息素微胶囊	陈艺欣、魏辉、田厚军、林硕、陈勇	福建省农业科学院植物保护研究所	2018 年 11 月 6 日
一种去除拟环纹豹蛛体毛的装置及方法	刘其全、占志雄、邱良妙、吴玮、林硕	福建省农业科学院植物保护研究所	2018 年 11 月 6 日
一种芦笋茎枯病菌分子检测引物及快速检测方法	杜宜新、石妞妞、阮宏椿、陈福如、甘林、代玉立、杨秀娟	福建省农业科学院植物保护研究所	2018 年 10 月 2 日
一种稻飞虱田间捕捉采集装置及其使用方法	邱良妙、占志雄、刘其全	福建省农业科学院植物保护研究所	2018 年 9 月 18 日
一种用于蕉园绿色防控香蕉花蓟马的方法	余德亿、黄鹏、姚锦爱、陈汉鑫	福建省农业科学院植物保护研究所	2018 年 9 月 18 日
一种混配药剂及其在防治玉米小斑病上的应用	代玉立、杨秀娟、甘林、陈福如、阮宏椿、石妞妞、杜宜新	福建省农业科学院植物保护研究所	2018 年 6 月 22 日
一种鳞翅目昆虫杀虫剂增效剂	魏辉、田厚军、林硕、陈艺欣、占志雄、陈勇	福建省农业科学院植物保护研究所	2018 年 6 月 22 日
一种介壳虫爬虫诱杀剂及应用	胡进锋、王长方、刘向国、虞赟、王俊、陈峰	福建省农业科学院植物保护研究所	2018 年 4 月 20 日
一种蚜虫捕食性天敌昆虫的引诱剂	胡进锋、白万明、陈志厚、徐茜、王长方、谢廷鑫、王俊、陈峰、陈彦、李秋英	福建省农业科学院植物保护研究所；福建省烟草公司南平市公司	2018 年 11 月 30 日
一种瓢虫卵的保护剂	胡进锋、白万明、陈志厚、徐茜、王长方、谢廷鑫、王俊、陈峰、林勇、李秋英	福建省农业科学院植物保护研究所；福建省烟草公司南平市公司	2018 年 6 月 22 日
一种利用蚕豆花和蚕豆芽苗菜制备左旋多巴含片的方法	郑开斌、李爱萍、徐晓俞、康玉凡、郑金贵、陈昱璇	福建省农业科学院作物研究所	2018 年 6 月 1 日
文心兰属 EST-SSR 标记引物及其应用	黄敏玲、林榕燕、钟淮钦、罗远华、祁世明	福建省农业科学院作物研究所	2018 年 8 月 24 日

（续表）

标题	发明人	专利权人	授权公告日
一种美味红毛菜的制备方法	刘智禹、吴靖娜、路海霞、廖登远、潘南	福建省水产研究所	2018年7月20日
东风螺金属标志方法	刘波、曾志南、郑雅友、李正良、李雷斌	福建省水产研究所	2018年6月8日
一种葡萄牙牡蛎速长选育系的制种方法	曾志南、宁岳、祈剑飞、巫旗生	福建省水产研究所	2018年5月8日
射水法造墙装置及造墙方法	张新民	福建省水利水电科学研究院	2018年5月11日
假单胞菌（Pseudomonas protegens）S63及其在防治水葫芦中的应用	陈宏、聂毅磊、贾纬、罗立津、陈星伟	福建省微生物研究所	2018年11月23日
一种高纯度放线菌素D的提纯方法	杨煌建、张祝兰、王德森、任林英、唐文力	福建省微生物研究所	2018年9月28日
酶催化不对称转氨基反应制备沙格列汀手性中间体的方法	赵学清、李劲超、孟春、黄杨威	福建省微生物研究所	2018年7月27日
一种自养型和异养型复合浸矿菌群FIM-Z4及其应用	聂毅磊、陈宏、罗立津、贾纬	福建省微生物研究所	2018年6月1日
尼日利亚菌素的纯化方法	乐占线、黄楷、庄鸿、陈秀明、洪秀清、徐兰、张祝兰、连云阳、郑卫	福建省微生物研究所	2018年8月21日
吡美莫司的纯化方法	庄鸿、乐占线、黄楷、陈秀明、洪秀清、徐兰、张祝兰、连云阳、郑卫	福建省微生物研究所	2018年5月25日
子囊霉素的纯化方法	黄楷、乐占线、庄鸿、陈秀明、洪秀清、徐兰、张祝兰、郑卫、连云阳	福建省微生物研究所	2018年2月13日
一种依鲁替尼对映异构体的检测方法	陈忠、赵学清、林燕琴、邹昕、黄杨威、范琳、成佳威	福建省微生物研究所	2018年8月21日
一种雷公藤内酯醇纳米脂质体及其制备方法	林绥、阙慧卿、钱丽萍	福建省医学科学研究院	2018年10月23日
一种治疗高尿酸血症的中药组合物及其应用	曾友长	福建省中医药研究院	2018年6月15日

附表7　2018年福建省属公益类科研院所审（认、鉴）定、登记新品种情况

序号	审定编号	品种名称	选育单位	审定部门
审　定				
1	国审稻20180020	聚两优676	福建省农业科学院水稻研究所、广东省农业科学水稻研究所、福建禾丰种业股份有限公司	农业部国家作物品种定委员会
2	国审玉20180363	闽双色4号	福建省农业科学院作物研究所	农业部国家作物品种定委员会

（续表）

序号	审定编号	品种名称	选育单位	审定部门
3	热品审 2018007	枇杷新白 8 号	福建省农业科学院果树研究所	全国热带作物品种审定委员会
4	热品审 2018005	龙眼冬宝 9 号	福建省农业科学院果树研究所	全国热带作物品种审定委员会
5	540	赛迪 10 紫花苜蓿	福建省农业科学院畜牧兽医研究所、百绿(天津)国际草业有限公司	全国草品种审定委员会
6	闽审玉 20180007	甜糯 133	福建省农业科学院作物研究所、浙江省东阳玉米研究所	福建省农作物品种审定委员会
7	闽审玉 20180005	闽糯 811	福建省农业科学院作物研究所、福建省农业科学院生物技术研究所	福建省农作物品种审定委员会
8	闽审玉 20180003	彩糯 17322	福建省农业科学院作物研究所	福建省农作物品种审定委员会
9	闽审豆 20180002	闽豆 7 号	福建省农业科学院作物研究所	福建省农作物品种审定委员会
10	闽审稻 20180031	利达 A	福建省农业科学院水稻研究所、中国种子集团有限公司	福建省农作物品种审定委员会
11	闽审稻 20180030	潢达 A	福建省农业科学院水稻研究所	福建省农作物品种审定委员会
12	闽审稻 20180029	福农 A	福建省农业科学院水稻研究所	福建省农作物品种审定委员会
13	闽审稻 20180027	旺 9S	福建旺穗种业有限公司、福建省农业科学院水稻研究所	福建省农作物品种审定委员会
14	闽审稻 20180026	茉 01S	科荟种业股份有限公司、福建省农业科学院生物技术研究所、	福建省农作物品种审定委员会
15	闽审稻 20180024	紫两优 3 号	福建省农业科学院水稻研究所、中种集团福建农嘉种业股份有限公司	福建省农作物品种审定委员会
16	闽审稻 20180021	闽红两优 727	福建亚丰种业有限公司、福建省农业科学院水稻研究所、四川省农业科学院作物研究所	福建省农作物品种审定委员会
17	闽审稻 20180020	闽红两优 3 号	福建省农业科学院水稻研究所、中种集团福建农嘉种业股份有限公司	福建省农作物品种审定委员会
18	闽审稻 20180018	两优 7283	福建农林大学作物科学学院、福建省农业科学院水稻研究所、	福建省农作物品种审定委员会
19	闽审稻 20180017	内 6 优 7075	福建省农业科学院水稻研究所、内江杂交水稻科技开发中心、福建省福瑞华安种业科技有限公司	福建省农作物品种审定委员会
20	闽审稻 20180016	泰优 2165	福建省农业科学院水稻研究所、广东省农业科学院水稻研究所	福建省农作物品种审定委员会
21	闽审稻 20180013	内 6 优 673	福建省农业科学院水稻研究所、内江杂交水稻科技开发中心	福建省农作物品种审定委员会
22	闽审稻 20180012	荃优 175	福建省农业科学院水稻研究所、安徽荃银高科种业股份有限公司、中国种子集团有限公司福建分公司、中国种子集团有限公司、福建农林大学作物科学学院、福建省南平市农业科学研究所	福建省农作物品种审定委员会

（续表）

序号	审定编号	品种名称	选育单位	审定部门
23	闽审稻 20180009	荃优 212	福建省农业科学院水稻研究所、安徽荃银高科种业股份有限公司	福建省农作物品种审定委员会
24	闽审稻 20180008	福农优 676	福建亚丰种业有限公司、福建省农业科学院水稻研究所	福建省农作物品种审定委员会
25	闽审稻 20180007	M76 优 212	福建亚丰种业有限公司、福建省农业科学院水稻研究所、福建农林大学作物科学学院	福建省农作物品种审定委员会
26	闽审稻 20180006	广 8 优 676	中种集团福建农嘉种业股份有限公司、福建省农业科学院水稻研究所、中国种子集团有限公司	福建省农作物品种审定委员会
27	闽审稻 20180004	旺两优 338	福建旺穗种业有限公司、福建省农业科学院水稻研究所	福建省农作物品种审定委员会
28	闽审稻 20180003	潢优 308	福建禾丰种业股份有限公司、福建省农业科学院水稻研究所、广东省农业科学院水稻研究所、福建兴禾种业科技有限公司	福建省农作物品种审定委员会
29	闽审稻 20180001	民优 919	福建省农业科学院水稻研究所	福建省农作物品种审定委员会
30	粤审稻 20180050	繁源优 886	广东天弘种业有限公司、福建省农业科学院水稻研究所	广东农作物品种审定委员会
31	粤审稻 20180027	繁源优 460	广东天弘种业有限公司、福建省农业科学院水稻研究所	广东农作物品种审定委员会
32	滇审稻 2018011 号	花优 683（试验名称：花优 683）	福建省农业科学院水稻研究所、四川省农业科学院生物技术核技术研究所和福建农林大学	云海省农作物品种审定委员会
33	琼审稻 2018012	吉丰优 3301	广东省农业科学院水稻研究所、福建省农业科学院生物技术研究所、广东省金稻种业有限公司	海南省作物品种审定委员会
34	琼审稻 2018009	特优 386	福建省农业科学院水稻研究所、海南海亚南繁种业有限公司、福建吉奥种业有限公司	海南省作物品种审定委员会
35	闽 S－SF－PB－006－2018	闽楠 MX606	福建省林业科学研究院	福建省林木品种审定委员会
36	闽 S－SF－PB－007－2018	闽楠 YX602	福建省林业科学研究院	福建省林木品种审定委员会
37	闽 S－SC－CL－010－2018	闽杉 1 号	福建省林业科学研究院	福建省林木品种审定委员会
38	闽 S－SC－CL－011－2019	闽杉 2 号	福建省林业科学研究院	福建省林木品种审定委员会
39	闽 S－SF－FH－012－2018	闽柏 1 号	福建省林业科学研究院	福建省林木品种审定委员会

（续表）

序号	审定编号	品种名称	选育单位	审定部门
40	闽 S－SF－FH－013－2018	闽柏 2 号	福建省林业科学研究院	福建省林木品种审定委员会
41	闽 S－SF－FH－014－2018	闽柏 3 号	福建省林业科学研究院	福建省林木品种审定委员会
42	闽 S－SF－FH－015－2018	闽柏 4 号	福建省林业科学研究院	福建省林木品种审定委员会
43	闽 S－SF－FH－016－2018	闽柏 5 号	福建省林业科学研究院	福建省林木品种审定委员会
44	闽 S－SF－FH－017－2018	闽柏 6 号	福建省林业科学研究院	福建省林木品种审定委员会
45	闽 S－SF－FH－018－2018	闽柏 7 号	福建省林业科学研究院	福建省林木品种审定委员会
46	闽 S－SF－FH－019－2018	闽柏 8 号	福建省林业科学研究院	福建省林木品种审定委员会
47	闽 S－SF－FH－020－2018	闽柏 9 号	福建省林业科学研究院	福建省林木品种审定委员会
48	闽 S－SF－FH－021－2018	闽柏 10 号	福建省林业科学研究院	福建省林木品种审定委员会
49	闽 S－SF－FH－022－2018	闽柏 11 号	福建省林业科学研究院	福建省林木品种审定委员会
50	闽 S－SF－FH－023－2018	闽柏 12 号	福建省林业科学研究院	福建省林木品种审定委员会
51	闽 S－SV－AC－024－2018	东红	福建省林业科学研究院、福建省农业科学院果树研究所	福建省林木品种审定委员会
52	闽 S－SV－AC－025－2018	华特	福建省农业科学院果树研究所	福建省林木品种审定委员会
登　记				
53	GPD 甘薯（2018）350046	福薯 7－6	福建省农业科学院作物研究所	中华人民共和国农业农村部
54	GPD 马铃薯（2018）350028	福克 212	福建省农业科学院作物研究所	中华人民共和国农业部
55	GPD 马铃薯（2018）350029	福克 76	福建省农业科学院作物研究所、龙岩市农业科学研究所	中华人民共和国农业部
56	GPD 甘薯（2018）350044	福莱薯 18 号	福建省农业科学院作物研究所、湖北省农业科学院粮食作物研究所	中华人民共和国农业农村部
57	GPD 马铃薯（2018）350088	闽薯 2 号	福建省农业科学院作物研究所	中华人民共和国农业农村部
58	GPD 甘薯（2018）350045	福薯 9 号	福建省农业科学院作物研究所、福建省种植业技术推广总站	中华人民共和国农业农村部
59	GPD 甘薯（2018）350007	福薯 24 号	福建省农业科学院作物研究所	中华人民共和国农业农村部

附表 8　2018 年福建省属公益类科研院所标准制定情况

序号	标准级别	标准号	标准中文名称	发布日期	起草单位	起草人
1	国家标准	GB/T 37072—2018	美丽乡村建设评价	2018/12/28	福建省标准化研究院、浙江省标准化研究院、贵州省标准化研究院、长泰县人民政府、沙县人民政府、山东省标准化研究院、大田县人民政府、福建省质量技术监督局、中国标准化研究院、安徽省质量和标准化研究院、永春县人民政府、余庆县人民政府、福建农林大学、费县人民政府	王彬彬、程军、程晓明、云振宇、董秀云、郑勤、归洪波、应珊婷、刘绍文、王晓、洪登华、朱朝枝、江文、林孟朝、李海晏、黄勇仕、吴水星、吴祥辉、王成栋、吴伟健、安洁、杨锐、王爽、刘贞彬、刘文超
2	国家标准	GB/T 20485.33—2018	振动与冲击传感器校准方法 第 33 部分：磁灵敏度测试	2018/3/15	福建省计量科学研究院、浙江大学、郑州机械研究所、苏州东菱振动试验仪器有限公司、中国计量科学研究院、陕西省计量科学研究院、西安交通大学	方祖梅、于梅、吴路易、许航、陈锋、杨建辉、黄润华、方辉、徐明龙、高捷、林军、钟舜聪、李群、亢立
3	行业标准	QB/T 5343—2018	金镶玉首饰错金银牢固度的测定 拉力法	2018/12/21	福建省测试技术研究所、华昌珠宝有限公司、福建天发龙凤珠宝有限公司、莆田学院、国家首饰质量监督检验中心、河南省产品质量监督检验院、上海老凤祥有限公司、莆田市产品质量检验所、福建中恒珠宝有限公司、上海黄金饰品行业协会、上海市工商联黄金珠宝商会、上海钰玉珠宝有限公司、福建省标准化与认证认可协会、莆田黄金饰品行业协会、上海市黄浦传统工艺研究会、深圳市星光达珠宝首饰实业有限公司	林园、张新忠、黄德义、李素青、戴洁、吴玉、林方正、赵玮、杨秋莹、张新强、黄近丹、林若祥、倪捷、黄倩、王海霞、林畅伟、林珊
4	行业标准	NY/T 3327—2018	莲雾 种苗	2018/12/19	福建省农业科学院果树研究所、福建省亚热带植物研究所、海南省农业科学院热带果树研究所	许家辉、谢志南、魏秀清、李向宏、林建忠、许玲、章希娟、戴瑞云、陈业光、翁阮锦祺
5	行业标准	NY/T 3328—2018	辣木种苗生产技术规程	2018/12/19	福建省农业科学院果树研究所、云南农业大学、云南省热带作物科学研究所、云南省农业科学院热区生态农业研究所、中国热带农业科学院热带作物品种资源研究所	叶新福、韦晓霞、盛军、李海泉、金杰、高敏霞、王小安、潘少霖、党选民、田洋、段波、李贵华、龙继明
6	行业标准	SC/T 3052—2018	干制坛紫菜加工技术规程	2018/12/19	福建省水产研究所、福建省水产技术推广总站、福建省淡水水产研究所、福建省师范大学、宁德师范学院、阿一波食品有限公司、福建省远扬藻业股份有限公司	刘智禹、陈燕婷、吴靖娜、苏永昌、乔琨、黄健、宋武林、许旻、陈贝、陈由强、李宁波、黄鹭强、郑昇阳、刘伟、蔡彬新、李志坚、邵红霞、林汉斌
7	地方标准	DB35/T 1767—2018	海水鱼软颗粒饲料通用技术条件	2018/5/22	福建省淡水水产研究所、福建省高龙饲料有限公司、福建省机械科学研究院	朱庆国、林建斌、沈美雄、梁萍、邱曼丽、张小森

（续表）

序号	标准级别	标准号	标准中文名称	发布日期	起草单位	起草人
8	地方标准	DB35/1782—2018	工业企业挥发性有机物排放标准	2018/7/16	福建省环境科学研究院	刘怡靖、姜炳棋、张健、杨雯婷、吴锡峰、陈巧俊、陈益明、林振芳、黄文丹、钟雪芬、张银菊
9	地方标准	DB35/ 1783—2018	工业涂装工序挥发性有机物排放标准	2018/7/16	福建省环境科学研究院	刘怡靖、陈巧俊、陈锦、卓桂华、钟雪芬、吴锡峰、林振芳、姜炳棋、黄文丹、杨雯婷、张健、张银菊
10	地方标准	DB35/T 1759—2018	工业锅炉热效率在线监测技术规范	2018/4/3	福建省计量科学研究院	柯丽娜、张金富、陆青、许航、阮学斌、夏玉雄、方辉、魏群、朱炜琳
11	地方标准	DB35/T 1770—2018	莲雾栽培技术规程	2018/5/22	福建省农业科学院果树研究所	许家辉、魏秀清、许玲、章希娟、余东、陈志峰、张丽梅
12	地方标准	DB35/T 1771—2018	印度豇豆栽培与利用技术规范	2018/5/22	福建省农业科学院农业生态研究所	应朝阳、李振武、李春燕、罗旭辉、王俊、陈志彤、詹杰、陈恩、邓素芳、林忠宁
13	地方标准	DB35/T 1794—2018	澳洲龙纹斑人工繁育技术规范	2018/11/22	福建省农业科学院农业质量标准与检测技术研究所、福建出入境检验检疫局检验检疫技术中心、福州大学、福建省福州市闽清县水产技术推广站、福建省三明市清流县畜牧水产局、福建省连城县文亨镇畜牧兽医水产站	罗土炎、饶秋华、张志灯、刘洋、罗钦、任丽花、陈剑锋、张斌、汪金成、黄文华、谢飞龙、郑云云、翁伯琦
14	地方标准	DB35/T 1683—2017	玉米叶斑类病害综合防治技术规范	2018/10/24	福建省农业科学院植物保护研究所	杨秀娟、代玉立、陈爱华、甘林、廖长见、石妞妞、杜宜新、阮宏椿、陈福如、罗文贵、郑利俭、刘连生
15	地方标准	DB35/T 1773—2018	斜带石斑鱼养殖技术规范	2018/5/22	福建省水产研究所、罗源县海洋与渔业局	郑乐云、王在文、黄种持、吴水清、林克冰、林向阳

注：只统计 37 家科研院所为第一单位的标准。

附表9　2018年福建省属公益类科研院所间论文分布

单位名称	科技活动人员数（人）	科技论文				SCI		国内三大核心期刊源收录论文	
		数量（篇）	排名	人均（篇）	排名	数量（篇）	排名	数量（篇）	排名
福建师范大学地理研究所	30	140	1	4.67	1	49	1	51	1
福建省农业科学院畜牧兽医研究所	90	110	2	1.22	3	17	3	34	3
福建省计量科学研究院	284	83	3	0.29	21	0	0	1	20
福建省农业科学院果树研究所	72	72	4	1.00	4	6	6	30	4
福建省农业科学院作物研究所	60	58	5	0.97	5	5	7	38	2
福建省农业科学院亚热带农业研究所	32	56	6	1.75	2	0	0	15	8
福建省农业科学院茶叶研究所	73	50	7	0.68	11	0	0	18	6
福建省林业科学研究院	102	49	8	0.48	17	2	10	5	16
福建省农业科学院植物保护研究所	63	46	9	0.73	9	18	2	17	7
福建省农业科学院农业工程技术研究所	59	44	10	0.75	8	7	5	14	9
福建省农业科学院农业生物资源研究所	63	41	11	0.65	13	7	5	20	5
福建省农业科学院土壤肥料研究所	47	40	12	0.85	6	9	4	15	8
福建省中医药研究院	68	40	12	0.59	14	6	6	10	12
福建省农业科学院水稻研究所	107	38	13	0.36	18	4	8	9	13
福建省农业科学院农业质量标准与检测技术研究所	62	35	14	0.56	15	4	8	18	6
福建省水产研究所	147	34	15	0.23	24	2	10	11	11
福建省农业科学院农业经济与科技信息研究所	46	32	16	0.70	10	0	0	6	15
福建省标准化研究院	39	30	17	0.77	7	0	0	—	—
福建省热带作物科学研究所	44	29	18	0.66	12	0	0	6	15
福建省农业科学院农业生态研究所	51	28	19	0.55	16	0	0	9	13
福建省淡水水产研究所	73	26	20	0.36	18	1	11	4	17
福建省农业机械化研究所	83	26	20	0.31	20	0	0	—	—
福建省科学技术信息研究所	111	19	21	0.17	27	0	0	2	19
福建省农业科学院食用菌研究所	26	19	21	0.73	9	1	11	13	10
福建省环境科学研究院	72	18	22	0.25	23	1	11	1	20
福建省微生物研究所	89	18	22	0.20	25	3	9	10	12
福建省医学科学研究院	52	18	22	0.35	19	1	11	4	17
福建海洋研究所	56	14	23	0.25	23	3	9	3	18
福建省农业科学院生物技术研究所	75	14	23	0.19	26	2	10	8	14
福建省测试技术研究所	49	7	24	0.14	28	0	0	3	18
福建省体育科学研究所	26	7	24	0.27	22	0	0	0	0

（续表）

单位名称	科技活动人员数（人）	科技论文				SCI		国内三大核心期刊源收录论文	
		数量（篇）	排名	人均（篇）	排名	数量（篇）	排名	数量（篇）	排名
厦门大学抗癌研究中心	24	6	25	0. 25	23	5	7	1	20
福建省水利水电科学研究院	63	2	26	0. 03	30	0	0	0	0
福建省闽东水产研究所	24	1	27	0. 04	29	0	0	0	0
福建省安全生产科学研究院	56	0	0	0. 00	0	0	0	0	0
福建省计划生育科学技术研究所	18	0	0	0. 00	0	0	0	0	0
福建省武夷山生物研究所	9	0	0	0. 00	0	0	0	0	0

注：只统计 37 家科研院所科技人员为“第一作者”的论文，CSI 收录统计“第一作者或通讯作者”的论文。

附表 10　2018 年福建省属公益类科研院所发表的 SCI I 区论文

院所名称	文章名称	刊名全称	所有作者	影响因子
福建省环境科学院	Investigation of cleaner sulfide mineral oxidation technology: Simulation and evaluation of stirred bioreactors for gold-bioleaching process, Journal of Cleaner Production	Journal of Cleaner Production	郑成辉,黄艺娟,郭家顺,蔡如钰,郑辉东,林诚,陈庆根	6. 395
福建省林业科学研究院	De novo genome assembly of the stress tolerant forest species Casuarina equisetifolia provides insight into secondary growth	The Plant Journal	Gongfu Ye, Hangxiao Zhang, Bihua Chen, Sen Nie, Hai Liu, *et al.*	5. 726
福建省农业科学院畜牧兽医研究所	Specific detection of Muscovy duck parvovirus infection by TaqMan-based real-time PCR assay	BMC Veterinary Research	Wan C, Chen C, Cheng L, Chen H, Fu Q, Shi S, FuG, Liu R, Huang Y	1. 792
福建省农业科学院畜牧兽医研究所	Development of a live attenuated vaccine against Muscovy duck reovirus infection	Vaccine	陈仕龙,林锋强,陈少莺,胡奇林,程晓霞,江斌,朱小丽,王劭,郑敏,黄梅清	4. 760
福建省农业科学院果树研究所	Antimicrobial Compounds Effective against Candidatus Liberibacter asiaticus Discovered via Graftbased Assay in Citrus	Frontier in plant science	Chuanyu Yang, Yun Zhong, Charles A. Powe, Melissa S. Doud, Yongping Duan, Muqing Zhang	4. 106
福建省农业科学院果树研究所	Changes in secondary metabolites, organic acids and soluble sugars during the development of plum fruit cv. ‘Furongli’ (Prunus salicina Lindl.)	Journal of the Science of food and Agriculture	Cui - Cui Jiang, Zhi - Zhen Fang, Dan-Rong Zhou, Shao-Lin Pan, Xin-Fu Ye	2. 422

（续表）

院所名称	文章名称	刊名全称	所有作者	影响因子
福建省农业科学院果树研究所	First report of bacterial canker of kiwifruit caused by Pseudomonas syringae pv. Actinidiae in Fujian Province, China	Plant disease	代玉力，陈义挺(共同第一作者)，高敏霞，杨秀娟，Yuli Dai, Yiting Chen, Lin Gan, Chengzhong Lan, Minxia Gao, Xiujuan Yang	3.583
福建省农业科学院农业工程技术研究所	Effects of cross-pollination by 'Murcott' tangor on the physicochemical properties, bioactive compounds and antioxidant capacities of 'Qicheng 52' navel orange	Food Chemistry	王琦，郑亚凤，余亚白，高慧颖，赖呈纯，骆贤亮，黄贤贵	5.399
福建省农业科学院农业工程技术研究所	Validation of Reference Genes for RT-qPCR Analysis in Lactobacillus PlantarumR23 Under SO_2 Stress Conditions	Australian Journal of Grape and Wine Research	林晓姿、何志刚、李维新、官雪芳、梁璋成	2.343
福建省农业科学院农业工程技术研究所	Effect of different encapsulating agent combinations on physicochemical properties and stability of microcapsules loaded with phenolics of plum (Prunus salicina lindl.)	Powder Technology	李怡彬，吴俐，翁敏劼，汤葆莎、赖谱富，陈君琛	3.413
福建省农业科学院农业工程技术研究所	Microencapsulation of plum(Prunus salicina Lindl.) phenolics by spray drying technology and storage stability	Food Science and Technology	李怡彬，汤葆莎，陈君琛，赖谱富	8.511
福建省农业科学院农业工程技术研究所	Genome-wide transcriptional changes in type 2 diabetic mice supplemented with lotus seed resistant starch	Food Chemistry	王琦，郑亚凤，庄玮静，卢旭，骆贤亮，郑宝东	5.399
福建省农业科学院农业生物资源研究所	Induced mutation breeding of Brevibacillus brevis FJAT-0809-GLX for improving ethylparaben production and its application in the biocontrol of Lasiodiplodia theobromae.	Postharvest Biology and Technology	车建美，刘波，刘国红，陈倩倩，黄丹丹	3.927
福建省农业科学院农业生物资源研究所	Proteolytic activation of Bacillus thuringiensis Vip3Aa protein by Spodoptera exigua midgut protease	International Journal of Biological Macromolecules	张静，潘志针，许炼，刘波，陈峥，李洁，牛丽洋，朱育菁(通讯作者)，陈清西	4.784
福建省农业科学院农业生物资源研究所	Exposure of helices α4 and α5 is required for insecticidal activity of Cry2Ab by promoting assembly of a prepore oligomeric structure	Cellular Microbiology	许炼，潘志针，张静，朱育菁(通讯作者)	4.288
福建省农业科学院生物技术研究所	Proteomic analysis of the defense response to Magnaporthe oryzae in rice harboring the blast resistance gene Piz-t	Rice	Tian D, Yang L, Chen Z, Chen Z, Wang F, Zhou Y, Luo Y, Yang L, Chen S	3.513

（续表）

院所名称	文章名称	刊名全称	所有作者	影响因子
福建省农业科学院水稻研究所	Determination of Heterotic Groups and Heterosis Analysis of Yield Performance in indica Rice	Rice Science	Wang Yingheng, Cai Qiuhua, Xie Hongguang, Wu Fangxi, Lian Ling, He Wei, Chen Liping, Xiehuaan, Zhang Jianfu	2.370
福建省农业科学院水稻研究所	Transcript Profiling Reveals Abscisic Acid, Salicylic Acid and Jasmonic - Isoleucine Pathways Involved in High Regenerative Capacities of Immature Embryos Compared with Mature Seeds in japonica Rice	Rice Science	Xiao Kaizhuan	2.370
福建省农业科学院水稻研究所	Shanyou 63: an elite mega rice hybrid in China	Rice	Fangming Xie, Jianfu Zhang	3.513
福建省农业科学院土壤肥料研究所	Unary non - structural fertilizer response model for rice crops and its field experimental verification	Scientific Reports	李娟，章明清，陈防，孔庆波	4.011
福建省农业科学院土壤肥料研究所	Improving Rice Modeling Success Rate with Ternary Non - structural Fertilizer Response Model	Scientific Reports	李娟，章明清，陈防，姚宝全	4.011
福建省农业科学院土壤肥料研究所	Land-use type affects nitrate production and consumption pathways in subtropical acidic soils	Geoderma	张玉树，郑祥洲，任香芸，张金波，Tom Misselbrook，Laura Cardenas，Alison Carswell，Christoph Müller，丁洪	4.336
福建省农业科学院土壤肥料研究所	Soil N transformation mechanisms can effectively conserve N in soil under saturated conditions compared to unsaturated condi-tions in subtropical China	Biology and Fertility of Soils	张玉树，丁洪，郑祥洲，蔡祖聪，T Misselbrook，Alison Carswell，Christoph Müller，Jinbo Zhang	4.829
福建省农业科学院土壤肥料研究所	Land - use type affects N_2O production pathways in subtropical acidic soils	Environmental Pollution	张玉树，丁洪，郑祥洲，任香芸，L Cardenas.	5.714
福建省农业科学院土壤肥料研究所	High pyrolysis temperature biochars reduce nitrogen availa-bility and nitrous oxide emissions from an acid soil	GCB Bioenergy	兰忠明，陈成榕，Mehran Rezaei Rashti，Hong Yang，Dongke Zhang.	4.849
福建省农业科学院植物保护研究所	Comparative Evaluation of the LAMP Assay and PCR Based Assays for the Rapid Detection of Alternaria solani	Frontiers in Microbiology	Khan M., Wang R., Li B., Liu P., Weng Q. Chen Q.	4.259
福建省农业科学院植物保护研究所	Sensitivity of Cochliobolus heterostrophus to three demethylation inhibitor fungicides, propiconazole, diniconazole and prochloraz, and their efficacy against southern corn leaf blight in Fujian Province, China	European Journal of Plant Pathology	Dai Y., Gan L., Ruan H. C., Shi, N. N., Du Y. X., Liao, L., Wei, Z. X. Teng, Z. Y., Chen, F. R. Yang X.	1.744

（续表）

院所名称	文章名称	刊名全称	所有作者	影响因子
福建省农业科学院植物保护研究所	First report of Leaf Spot Caused by Cochliobolus eragrostidis on corn（Zea mays L）in Fujian province, China	Plant Disease	Gan L., Dai Y., Chen F.	3.583
福建省农业科学院植物保护研究所	First report of Colletotrichum fructicola causing Anthracnose on Camellia sinensis in Guangdong Province, China	Plant Disease	Shi N., Du Y., Chen F.	3.583
福建省农业科学院植物保护研究所	First report of Pseudomonas cichorii Causing Tomato Pith Necrosis in Fujian Province, China	Plant Disease	Ruan H., Shi N., Chen F.	3.583
福建省农业科学院植物保护研究所	First Report of Leaf Spot on Taro Caused by Epicoccum sorghinum in China NONE	Plant Disease	Liu P., Wei M., Zhu L., Li B., Weng Q., Chen Q.	3.583
福建省农业科学院作物研究所	A RAD-Based Genetic Map for Anchoring Scaffold Sequences and Identifying QTLs in Bitter Gourd（Momordica charantia）.	Frontiers in Plant Science	温庆放（共一作者）	4.106
福建省中医药研究院	Structure of a pectic polysaccharide from Pseudostellaria heterophylla and stimulating insulin secretion of INS-1 cell and distributing in rats by oral	International Journal of Biological Macromolecules	Chen Jinlong, Pang Wensheng, Kan Yongjun, Zhao Li, He Zhaodong, Shi Wentao, Yan Bin, Chen Hong, Hu Juan	4.784
福建省中医药研究院	Gualou Guizhi decoction reverses brain damage with cerebral ischemic stroke, multi-component directed multi-target to screen calcium-overload inhibitors using combination of molecular docking and protein-protein docking	Journal of Enzyme Inhibition and Medicinal Chemistry	Hu Juan, Pang Wen-Sheng, Han Jing, Zhang Kuan, Zhang Ji-Zhou, Chen Li-Dian	4.027
福建师范大学地理研究所	Multidecadally resolved polarity oscillations during a geomagnetic excursion	Proceedings of the National Academy of Sciences of the United States of America	姜修洋	9.580
福建师范大学地理研究所	Temporal changes in soil C-N-P stoichiometry over the past 60 years across subtropical China	Global Change Biology	余再鹏、黄志群	8.880
福建师范大学地理研究所	Assessment of coastal development policy based on simulating a sustainable land-use scenario for Liaoning Coastal Zone in China	Land Degradation & Development	樊杰，王强	4.275

（续表）

院所名称	文章名称	刊名全称	所有作者	影响因子
福建师范大学地理研究所	Interdecadal modulation of the Atlantic Multi - decadal Oscillation (AMO) on southwest China's temperature over the past 250 years	Climate Dynamics	方克艳	4. 048
福建师范大学地理研究所	An interdecadal climate dipole between Northeast Asia and Antarctica over the past five centuries	Climate Dynamics	方克艳	4. 048
福建师范大学地理研究所	Niche separation of comammox Nitrospira and canonical ammonia oxidizers in an acidic subtropical forest soil under long-term nitrogen deposition	Soil Biology and Biochemistry	施秀珍	5. 290
福建师范大学地理研究所	Simulated leaf litter addition causes opposite priming effects on natural forest and plant-ation soils	Biology and Fertility of Soils	吕茂奎	4. 829
福建师范大学地理研究所	Stoichiometry patterns of plant organ N and P in coastal herbaceous wetlands along the East China Sea: implications for biogeochemical niche	Plant and Soil	胡敏杰，仝川	2. 951
福建师范大学地理研究所	Rhizosphere processes induce changes in dissimilatory iron reduction in a tidal marsh soil: a rhizobox study	Plant and Soil	罗敏，仝川	2. 951
福建师范大学地理研究所	Synchronous multi-decadal climate variability of the whole Pacific areas revealed in tree rings since 1567	Environmental Research Letters	方克艳	5. 607
福建师范大学地理研究所	Effects of artificial warming on different soil organic carbon and nitrogen pools in a subtropical plantation	Soil Biology & Biochemistry	李一清，林成芳	5. 290
福建师范大学地理研究所	Palynological record of Holocene vegetation and climate changes in a high-resolution peat profile from the Xinjiang Altai Mountains, northwestern China	Quaternary Science Reviews	张彦	4. 641
福建师范大学地理研究所	The response of stocks of C, N, and P to plant invasion in the coastal wetlands of China	Global Change Biology	王维奇	8. 880
福建师范大学地理研究所	Temporal variations and temperature sensitivity of ecosystem respiration in three brackish marsh communities in the Min River Estuary, southeast China	Geoderma	杨平，仝川	4. 336

（续表）

院所名称	文章名称	刊名全称	所有作者	影响因子
福建师范大学地理研究所	Responses of soil phosphorus fractions after nitrogen addition in a subtropical forest ecosystem：Insights from decreased Fe and Al oxides and increased plant roots	Geoderma	范跃新，杨玉盛	4.336
福建师范大学地理研究所	A high－resolution air tempe-rature data set for the Chinese Tian Shan in 1979－2016	Earth System Science Data	高路	9.899
福建师范大学地理研究所	Interactive effects of warming and nitrogen addition on fine root dynamics of a young subtropical plantation	Soil Biology and Biochemistry	熊德成，杨玉盛	5.290
福建师范大学地理研究所	Response of mineral soil carbon storage to harvest residue retention depends on soil texture：A meta－analysis	Forest Ecology and Management	万晓华，黄志群	3.126
福建师范大学地理研究所	Palaeoclimate evolution across the Cretaceous-Palaeogene boundary in the Nanxiong Basin（SE China）recorded by red strata and its correlation with marine records	Climate of the past	马明明	4.325
福建师范大学地理研究所	Changes in pore－water chemistry and methane emission following the invasion of Spartina alterni-flora into an oliogohaline marsh	Limnology and Oceanography	仝川	2.633
福建师范大学地理研究所	Contribution of the vertical movement of dissolved organic carbon to carbon allocation in two distinct soil types under Castanop-sis fargesii Franch. and C. carlesii（Hemsl.）Hayata forests	Annals of Forest Science	司友涛	2.633
福建师范大学地理研究所	Examining Spatial Patterns of Urban Distribution and Impacts of Physical Conditions on Urbaniz-ation in Coastal and Inland Metropoles	Remote Sensing	陆灯盛	4.118
福建师范大学地理研究所	Effects of the ENSO on rainfall erosivity in the Fujian Province of southeast China	Science of the Total Environment	陈世发，查轩	5.589
福建师范大学地理研究所	Intensified variability of the El Ni? O－Southern Oscillations enhances its modulations on tree－growths in southeastern China over the past 218 years	International Journal of Climatology	王雷，方克艳	3.601
福建师范大学地理研究所	Effect of simulated acid rain on CO_2, CH_4 and N_2O fluxes and rice productivity in a subtropical Chinese paddy field	Environmental Pollution	王纯	5.714

（续表）

院所名称	文章名称	刊名全称	所有作者	影响因子
福建师范大学地理研究所	Fluxes of carbon dioxide and methane across the water-atmos-phere interface of aquaculture shrimp ponds in two subtropical estuaries: The effect of temperature, substrate, salinity and nitrate	Science of the Total Environment	杨平，仝川	5.589
福建师范大学地理研究所	Sorption of chlorinated hydrocarbons to biochars in aqueous environment: Effects of the amorphous carbon structure of biochars and the molecular properties of adsorbates	Chemosphere	陈卫锋	5.108
福建师范大学地理研究所	Characteristics of wood-derived biochars produced at different temperatures before and after deashing: Their different potential advantages in environ-mental applications	Science of the total environment	陈卫锋	5.589
福建师范大学地理研究所	Contributions of natural climate changes and human activities to the trend of extreme precipitation	Atmospheric Research	高路	4.114
福建师范大学地理研究所	Service Sites Selection for Shared Bicycles Based on the Location Data of Mobikes	Ieee Access	沙晋明	4.100
福建师范大学地理研究所	Assessment of arsenic and heavy metal pollution and ecological risk in inshore sediments of the Yellow River estuary, China	Stochastic Environmental Research and Risk Asses-sment	饶清华，孙志高	2.807
福建师范大学地理研究所	STEEL SLAG AMENDMENT INCREASES NUTRIENT AVAI-LABILITY AND RICE YIELD IN A SUBTROPICAL PADDY FIELD IN CHINA	Experimental Agriculture	王维奇	2.089
福建师范大学地理研究所	INDUSTRIAL AND AGRICULTURAL WASTES DECREASED GREENHOUSE-GAS EMISSI-ONS AND INCREASED RICE GRAIN YIELD IN A SUBTROPICAL PADDY FIELD	Experimental Agriculture	王维奇	2.089
福建师范大学地理研究所	Toward Improved Calibration of SWAT Using Season-Based Multi-Objective Optimization: a Case Study in the Jinjiang Basin in Southeastern China	Water Resources Management	陈莹	2.987
福建师范大学地理研究所	Current status of emerging hypoxia in a eutrophic estuary: The lower reach of the Pearl River Estuary, China	estuarine coastal and shelf science	钱伟	2.611
福建师范大学地理研究所	Separating Wet and Dry Years to Improve Calibration of SWAT in Barrett Watershed, Southern California	Water	高鑫，陈兴伟	7.913

（续表）

院所名称	文章名称	刊名全称	所有作者	影响因子
厦门大学抗癌研究中心	High expression of Tob1 indicates poor survival outcome and promotes tumour progression via a Wnt positive feedback loop in colon cancer	Molecular Cancer	Dandan Li, Li Xiao, Yuetan Ge, Yu Fu, Wenqing Zhang, Hanwei Cao, Binbin Chen, Haibin Wang, Yan－yan Zhan and Tianhui Hu	10.679
厦门大学抗癌研究中心	Biosynthesis of flower－shaped Au nano-clusters with EGCG and their application for drug delivery	J Nanobiotechnology	Wu S, Yang X, Luo F, Wu T, Xu P, Zou M, Yan J	5.345

注：只统计 37 家科研院所科技人员为“第一作者或通讯作者”的论文。

附表 11　2018 年福建省属公益类科研院所论著出版情况

序号	著作名称	作者	出版社	字数（千字）	作者单位
1	长汀红壤侵蚀区植被恢复实用技术	李建民，马祥庆等（著）	中国林业出版社	250	福建省林业科学研究院
2	嘉宝果	邱珊莲（著）	中国农业科学技术出版社	100	福建省农业科学院亚热带农业研究所
3	高温热浪的人文因素研究	祁新华，程煜，程顺祺等（著）	社会科学文献出版社	310	福建师范大学地理研究所
4	南方红壤侵蚀区芒萁的生长特征与生态恢复效应	陈志强，陈志彪，白丽月（著）	科学出版社	415	福建师范大学地理研究所
5	中国枫香病虫害	何学友，潘爱芳（主编）	中国林业出版社	275	福建省林业科学研究院
6	猪病诊治实用技术	周伦江，王隆柏（主编）	中国科学技术出版社	142	福建省农业科学院畜牧兽医研究所
7	优质山羊养殖技术问答	李文杨，吴贤锋，刘远，张晓佩，高承芳，陈鑫珠（编著）	福建科学技术出版社	206	福建省农业科学院畜牧兽医研究所
8	鸽病速诊快治	江斌，林琳，陈祝茗，吴胜会，张世忠（编著）	福建科学技术出版社	128	福建省农业科学院畜牧兽医研究所
9	鸡病鸭病速诊快治	江斌，陈少莺（主编）	福建科学技术出版社	176	福建省农业科学院畜牧兽医研究所
10	福建地区桃产业技术	金光，郭瑞，廖汝玉，颜少宾，周平（编著）	中国农业出版社	200	福建省农业科学院果树研究所
11	福建饲用植物名录	应朝阳，陈恩，李春燕，黄毅斌，翁伯琦等（编著）	科学出版社	580	福建省农业科学院农业生态研究所
12	基于文献学的澳洲龙纹斑研究与应用进展	罗钦等（编著）	中国农业科学技术出版社	370	福建省农业科学院农业质量标准与检测技术研究所
13	黄秋葵种质资源图册	洪建基，余文权，赖正锋（主编）	中国农业出版社	110	福建省农业科学院亚热带农业研究所
14	芦笋高效栽培及病虫害诊治图谱	陈福如（主编）	中国农业出版社	165	福建省农业科学院植物保护研究所

（续表）

序号	著作名称	作者	出版社	字数（千字）	作者单位
15	福建海区渔业资源可持续利用	沈长春，蔡建堤，戴天元，刘勇，马超，徐春燕，庄之栋（编著）	厦门大学出版社	414	福建省水产研究所
16	福建省捕捞渔具渔法与管理研究	沈长春，戴天元，蔡建堤，庄之栋，刘勇，马超，徐春燕，叶孙忠（编著）	厦门大学出版社	260	福建省水产研究所
17	福建省中医药传统知识项目选编	周美兰，胡娟，陈炬烽（主编）	福建科学技术出版社	694	福建省中医药研究院
18	闽东本草文化	胡娟，陈炬烽，李细彬（主编）	福建科学技术出版社	104	福建省中医药研究院
19	环境管理与规划	孙翔（主编）；王远，冷冰（副主编）；朱晓东（主审）	南京大学出版社	391	福建师范大学地理研究所
20	中国就地城镇化海盐样本的理论与实证	祁新华，方忠明，陈谊娜（编著）	科学出版社	300	福建师范大学地理研究所
21	医学生物化学实验教程	郑红花，张云武（主编）；宋刚，张弦，黄小花，李东辉（副主编）	厦门大学出版社	296	厦门大学抗癌研究中心

注：只统计 37 家科研院所科技人员为“第一作者”的著作。

附表 12　2018 年福建省属公益类科研院所植物新品种授权情况

序号	品种权号（公告号）	品种名称	属或者种	品种权人	授权日期
1	CNA010654G	福恢 7076	水稻 Oryza sativa L.	福建省农业科学院水稻研究所	2018/4/23
2	CNA009832G	福恢 212	水稻 Oryza sativa L.	福建省农业科学院水稻研究所	2018/1/2
3	CNA009831G	恒达 A	水稻 Oryza sativa L.	福建省农业科学院水稻研究所	2018/1/2
4	CNA009788G	福恢 7011	水稻 Oryza sativa L.	福建省农业科学院水稻研究所	2018/1/2
5	CNA009787G	福恢 03	水稻 Oryza sativa L.	福建省农业科学院水稻研究所	2018/1/2
6	CNA009786G	福恢 7028	水稻 Oryza sativa L.	福建省农业科学院水稻研究所	2018/1/2
7	CNA009720G	广两优 676	水稻 Oryza sativa L.	福建省农业科学院水稻研究所	2018/1/2

附表 13　2018 年福建省属公益类科研院所计算机软件著作权授权情况

序号	登记号	软件全程	著作权人	首次发表日期
1	2018SR880332	水泥行业碳排放监测数据管理系统	福建省计量科学研究院	2018/8/31
2	2018SR213472	松墨天牛智能监测预警管理系统	福建省科技厅农牧业科研中试中心、福建省林业科学研究院、福建毅康网络科技有限公司	2017/7/1

（续表）

序号	登记号	软件全程	著作权人	首次发表日期
3	2018SR842172	农业技术视频点播系统	福建省农业科学院农业经济与科技信息研究所	2018/3/8
4	2018SR589512	智慧农业信息数据采集系统	福建省农业科学院农业经济与科技信息研究所	2018/2/6
5	2018SR077923	中国大陆—中国台湾木工机械与刀具产品的研究与比对数据库	福建省农业机械化研究所	—
6	2018SR017398	舍饲羊群生产管理系统	福建省农业科学院畜牧兽医研究所	—
7	2018SR858417	福建省百香果规模化种植谷歌地图 GIS 分布系统	福建省农业科学院农业工程技术研究所	2018/8/8
8	2018SR466771	智能生产机械手智能调节软件	福建省农业科学院农业工程技术研究所、福建省农业科学院科技干部培训中心	2018/3/1
9	2018SR466765	智慧生产流程信息管理系统	福建省农业科学院农业工程技术研究所、福建省农业科学院科技干部培训中心	2018/2/28
10	2018SR466778	智慧生产机械手控制软件	福建省农业科学院农业工程技术研究所、福建省农业科学院科技干部培训中心	2018/2/1
11	2018SR466757	福建省沼肥系列产品展示与技术交易平台	福建省农业科学院农业工程技术研究所、福建省农业科学院科技干部培训中心	2018/1/30
12	2018SR466749	福建大中型沼气工程谷哥地图 GIS 分布系统	福建省农业科学院农业工程技术研究所、福建省农业科学院科技干部培训中心	2018/1/1
13	2018SR962915	牧草种质资源数据管理系统	福建省农业科学院农业生态研究所	2018/3/16
14	2018SR909502	淡水鱼工厂化养殖水环境调控系统	福建省农业科学院农业质量标准与检测技术研究所	2018. 6. 6
15	2018SR340447	实验室试剂管理系统 1. 0. 0	福建省农业科学院农业质量标准与检测技术研究所	2018. 2. 4
16	2018SR909507	淡水鱼工厂化养殖远程监控系统	福建省农业科学院农业质量标准与检测技术研究所	2018. 2. 4
17	2018SR339978	微生物菌株管理系统	福建省农业科学院农业质量标准与检测技术研究所	2017. 6. 20
18	2018SR829388	植物病虫害图片采集系统	福建省农业科学院植物保护研究所	2018/8/15
19	2018SR829386	病虫害随拍软件	福建省农业科学院植物保护研究所	2018/8/15

（续表）

序号	登记号	软件全程	著作权人	首次发表日期
20	2018SR846051	外来入侵生物时空数据共享服务平台	福建省农业科学院植物保护研究所	2017/8/30
21	2018SR845972	外来入侵生物数据库平台	福建省农业科学院植物保护研究所	2017/8/30
22	2018SR845969	外来入侵生物数据管理与共享平台	福建省农业科学院植物保护研究所	2017/8/30
23	2018SR351765	基于 C#的无人值守便利店 RFID 商品扫描系统	福建师范大学地理研究所、福州创鑫壹佳壹网络有限公司	—

附表 14　2018 年福建省属公益类科研院所商标权授权情况

序号	商标名称	商品/服务	专用权期限	申请人名称	注册公告日期
1	彩蚝	加工过的坚果；干食用菌；甲壳动物（非活）；水产罐头；水果干；食用油；家禽（非活）；贝壳类动物（非活）；速冻蔬菜；豆腐	2018 年 08 月 21 日 至 2028 年 08 月 20 日	福建省水产研究所	2018 年 8 月 21 日
2	彩蚝	贝壳类动物（活的）；新鲜的园艺草本植物；活牲畜；活家禽；供展览用动物；未加工的谷物；动物食品；活的可食用水生动物；新鲜蔬菜；植物种子	2018 年 08 月 21 日 至 2028 年 08 月 20 日	福建省水产研究所	2018 年 8 月 21 日
3	海院	医用营养饮料；补药；治疗用或医用营养制剂；营养补充剂；医用营养品；蛋白质膳食补充剂；医用营养食物；片剂；人用药；抗氧化药	2018 年 07 月 07 日 至 2028 年 07 月 06 日	福建省水产研究所	2018 年 7 月 7 日
4	海之珍	补药；治疗用或医用营养制剂；人用药；蛋白质膳食补充剂；医用营养食物；营养补充剂；医用营养饮料；片剂；抗氧化药；医用营养品	2018 年 07 月 07 日 至 2028 年 07 月 06 日	福建省水产研究所	2018 年 7 月 7 日
5	海珍素	营养补充剂；医用营养品；片剂；人用药；抗氧化药；医用营养食物；蛋白质膳食补充剂；补药；医用营养饮料；治疗用或医用营养制剂	2018 年 07 月 07 日 至 2028 年 07 月 06 日	福建省水产研究所	2018 年 7 月 7 日

附　录　相关指标内涵说明

从业人员：指由本单位年末直接组织安排工作并支付工资的各类人员总数。包括在岗职工、劳务派遣人员和返聘的离退休人员。不包括离退休人员、停薪留职人员。

在岗职工：指在本单位工作且与本单位签订聘用合同，并由单位支付各项工资和社会保险、住房公积金的人员，以及上述人员中由于学习、病伤、产假等原因暂未工作仍由单位支付工资的人员。在岗职工还包括：（1）应订立聘用合同而未订立聘用合同人员（如使用的农村户籍人员）；（2）处于试用期人员；（3）编制外招聘的人员，如临时人员；（4）派往外单位工作，但工资仍由本单位发放的人员（如挂职锻炼、外派工作等情况）。

在岗职工不包括：（1）本单位使用的且由本单位直接支付工资的劳务派遣人员，应统计在本单位"劳务派遣人员"中；（2）本单位因劳务外包而使用的人员，由承包劳务的单位统计为在岗职工。

劳务派遣人员：指与劳务派遣单位签订劳动合同，并被劳务派遣单位派遣到本单位工作，且劳务派遣单位与本单位签订《劳务派遣协议》的人员。

其他从业人员：指在本单位工作，不能归入在岗职工、劳务派遣人员中的人员。此类人员是实际参加本单位工作并从本单位取得劳动报酬的人员。如聘用的正式离退休人员、在本单位工作的外籍和港澳台方人员等。

从事科技活动人员：指从业人员中的科技管理人员、课题活动人员和科技服务人员。

科技管理人员：指院、所领导及业务、人事管理人员。包括：从事科技计划管理、课题管理、成果管理、专利管理、科技统计、科技档案管理、科技外事工作、人事管理、教育培训、财务等与科技活动有关的人员。

课题活动人员：指编制在研究室或课题组的人员。

科技服务人员：指直接为科技工作服务的各类人员，如从事图书、信息与文献、测试、试制、咨询、物资器材供应等工作的人员，以及实验室、试验工厂（车间）、试验农场的人员。不包括司机、门卫、食堂人员、医务人员、清洁工、幼儿园和托儿所的工作人员，以及主要从事生产、经营活动人员。

从事生产、经营活动人员：指主要从事定型产品的批量生产，单位内部招待所、商店、出版印刷等生产经营和对外服务活动的人员。在单位办经济实体中的院所编制人员也应包括在内。

其他人员：指从业人员中除了从事科技活动和生产、经营活动人员以外的其余人员，包括从事医疗、工程设计、教学培训和生活后勤服务人员等。

外聘的流动学者：外聘短期或长期的访问学者、研究人员（编制在其他单位）。

招收的非本单位在读研究生：本单位招收的在读的研究生，不包括本单位职工在读的研究生。

离退休人员总数：指历年由本单位离退休，并在本单位领取离退休费的人员。

学位和学历：由人事部门或干部部门根据国家有关规定，填报本单位从事科技活动人员的学位和学历情况，按获得的最高学位和最高学历填写。如果有研究生学历无硕士学位，按硕士毕业填写。

专业技术职称（务）：填报本单位从事科技活动人员中专业技术职称（务）情况，未实行专业技术职务聘任的单位，按原技术职称填报。

高级职称：指研究员、副研究员；教授、副教授；高级工程师；高级农艺师；正、副主任医（药、护、技）师；高级实验师；高级统计师；高级经济师；高级会计师；编审（正、副编审）；译审（正、副译审）；高级（主任）记者；正、副研究馆员等。

中级职称：指助理研究员；讲师；工程师；农艺师；主治医（药、护、技）师；实验师；统计师；经济师；会计师；编辑；翻译；记者；研究馆员等。

初级职称：指研究实习员；助教；助理工程师、技术员；助理农艺师、农业技术员；医（药、护、技）师；医（药、护、技）士；助理实验师、实验员；助理统计师、统计员；助理经济师；助理会计师、会计员；助理编辑、见习编辑；助理翻译；助理记者；助理馆员、管理员等。

经常费：包括暂收（暂付）款，经常费收入中各项皆为毛收入。

科技活动收入：指本单位开展科技活动所获得收入，不论来源渠道如何。

政府资金：指由各级政府部门直接拨款或企事业单位利用政府资金委托本单位从事科学技术活动所获得的收入。

财政拨款：不含退休人员的政府拨款。指单位本年度实际收到的本级财政拨款，含一般公共预算拨款和政府性基金预算拨款。根据事业单位“收入支出决算总表”中的“财政拨款”项目填报。不包括离退休人员的政府拨款。

承担政府科研项目收入： 指本单位为了开展科学研究、新产品试制、中间试验、科技成果示范性推广等科技活动，通过签订协议、合同或其他形式申请并获得的政府经费，包括课题专项、设备专项和其他专项。

技术性收入： 指本单位从事科学技术活动所获得的非政府资金（毛收入），如：企事业单位和社会团体利用自有资金委托本机构开展科学技术活动所提供的资金，由技术开发收入、技术转让收入、技术咨询及技术服务收入、学术活动和科普活动收入几项合计。

经营活动收入： 指本单位在专业业务活动及辅助活动之外开展非独立核算经营活动取得的收入。包括产品（商品）销售收入、经营服务收入、工程承包收入、租赁收入和其他经营收入。

其他收入： 指开展科技活动与生产、经营活动以外的各项收入，包括医院的医疗活动、工程设计活动、教学培训等活动收入和离退休人员政府拨款。

工资福利支出： 指单位支付给在职职工和编制外长期聘用人员的各类劳动报酬，以及为上述人员缴纳的各项社会保险费等。具体包括基本工资、津贴补贴、奖金、伙食补助费、绩效工资、社会保障缴费、住房公积金、医疗费和其他工资福利支出等。

对个人和家庭的补助： 指政府对个人和家庭的无偿性补助支出。包括离休费、退休费、退职（役）费、抚恤和生活补助、医疗费、住房补贴、助学金和其他未包括在上述科目的对个人和家庭补助支出等。根据“支出决算明细表”中的“对个人和家庭的补助”的对应项填报。

商品和服务支出： 指单位在开展业务活动中购买商品和劳务的支出。具体包括办公费、印刷费、水电费、邮电费、取暖费、交通费、差旅费、会议费、培训费、招待费、福利费、劳务费、就业补助费、租赁费、物业管理费、维修费、专用材料费、办公设备购置费、专用设备购置费、交通工具购置费、图书资料购置费及上述科目未包括的日常公用支出。根据“支出决算明细表”中的“商品和服务支出”的对应项填报。

科技活动支出： 指调查单位在报告期内用于内部开展科技活动实际支出的费用，包括来自科研渠道以及其他各种渠道的经费实际用于科技活动支出的费用，包括外协加工费。

人员费： 是指以现金或实物形式支付给科技活动人员的工资、薪金，以及所有其他的劳务费用，如奖金、奖金税、社会保障支出等。

设备购置费： 指本单位使用非基建投资购建费购买用于科技活动的固定资产的实际支出额，固定资产指长期使用而不改变原有的实物形态，单位价值在规定标准以上的主要物资设备。如科研仪器设备、图书资料、实验材料和标本以及其他科研设备。

其他日常支出：指本单位用于科技活动除上述以外的支出。例如：用于科技活动的原材料费、水电能源费、差旅费、加工试验费、设备使用费、计算机机时费、资料印刷费等。培训研究生的消耗性支出也一并统计。

生产、经营活动支出：指本单位在专业业务活动及辅助活动之外开展非独立核算经营活动发生的支出。

其他支出：指开展科技活动与经营活动以外的各项活动的内部支出，包括医院的医疗活动、工程设计活动、教学培训等活动内部支出，离退休人员费用。

科学研究与试验发展（R&D 活动）：是指为了增进知识（包括有关人类、文化和社会的知识），以及运用这些知识创造新应用所进行的系统的、创造性的工作。

R&D 活动三种类型：基础研究；应用研究；试验发展。

基础研究：是一种实验性或理论性的工作，主要是为了获得关于现象和可观察事实的基本原理的新知识，不预设任何特定的应用或使用目的。

应用研究：是指为了获得新知识而进行的初始性研究。它主要针对某一特定的实际目的或目标。应用研究通常是为了确定基础研究成果或知识的可能的用途，或是为达到某一具体的、预定的实际目的，确定新的（原理性）方法或途径。

试验发展：是指利用从科学研究、实际经验中获取的知识和产生的额外知识，以形成新的产品、工艺（流程），或改进现有产品、公益（流程），而进行的系统性工作。

R&D 人员：指本单位人员及外聘研究人员和在读研究生中参加 R&D 课题的人员、R&D 课题管理人员和为 R&D 活动提供直接服务的人员，不包括为 R&D 课题提供间接服务的人员（如生活服务人员），也不包括全年从事 R&D 活动工作量不到 0.1 年的人员。

R&D 全时人员：指本年度从事 R&D 活动的工作量在 0.9 年以上（含 0.9 年）的人员数。

R&D 非全时人员：指本年度从事 R&D 活动的工作量在 0.1~0.9 年的人员数。工作量不到 0.1 年不计在内。

R&D 人员折合全时工作量：指全时人员折合全时工作量与所有非全时人员工作量之和，结果取整数。一个全时人员的折合全时工作量计为 1，非全时人员按实际投入工作量进行累加。例如：有两个全时人员（他们的工作量分别为 0.9 年和 1.0 年）和三个非全时人员（他们的工作量分别为 0.2 年、0.3 年和 0.7 年），则折合为：折合全时工作量=1+1+0.2+0.3+0.7=3（人·年）（四舍五入）。

R&D 经费内部支出：指当年为进行 R&D 活动而实际用于本机构内的全部支出，应按“全成本核算”的口径进行计量。包括人员工资、劳务费、其他日常支出、仪器设备购置费、土地使用和建造费等。不包括与外单位合作研究而拨给对方使用的经费。

人员费：是指以现金或实物形式支付给 R&D 人员的工资、薪金，以及所有其他的劳务费用，如奖金、奖金税、社会保障支出等。

设备购置费：是指当年本单位为开展 R&D 活动在经常费中支出的仪器设备（使用年限一年以上且单位价值在规定标准以上的仪器设备购置）购置费；为开展此活动专用购买的设备费应计入此项；为几类科技活动公用而购买的设备费，按 R&D 活动实际使用（或预计使用）的时间分摊到此项中。

其他日常支出：是指当年直接或间接用于开展该活动的全部实际消耗支出，包括业务费和管理费。例如，原材料费、水电能源费、期刊书报资料费、加工实验费、设备使用费、计算机机时费、资料印刷费、差旅费、修缮费、房租等。计算 R&D 活动日常支出时，应将整个单位的公共管理费、公用非科研仪器设备购置费等，分摊到机构相应的 R&D 活动的日常支出中。

R&D 经费外部支出：指当年委托外单位或与外单位合作进行 R&D 活动而拨给对方的经费。不包括外协加工费。

科技课题：本单位在本年度内为解决与科学技术有关的问题，而开展的有组织的、得到本单位认可的活动。包括课题、专题、项目、任务等。

年末固定资产原价：固定资产指能在较长时间内使用，消耗其价值，但能保持原有实物形态的设施和设备，如房屋和建筑物等。作为固定资产应同时具备两个条件：即耐用年限在一年以上，单位价值在规定标准以上的财产、物资。

固定资产中科研房屋建筑物：指可直接用于科技活动的各种建筑设施。包括实验楼、实验室、实验性工厂（车间）、农场的有关建筑设施、学术报告场所、科技管理的办公建筑、科技器材物资仓库。不包括食堂、职工宿舍等福利性建筑。若以上各种建筑设施不是用于单一目的，按比例折算分别统计。

固定资产中科学仪器设备：指从事科技活动的人员直接使用的科研仪器设备。不包括与基建配套的各种动力设备、机械设备、辅助设备，也不包括一般运输工具（科学考察用交通运输工具除外）和专用于生产的仪器设备。若科研与生产共用的仪器设备，则按其使用目的，统计在主要一方（不包括长期闲置不用的仪器和设备）。**进口科学仪器设备：**指报告期末固定资产中从国外购入的仪器和设备的原价（不包括长期闲置不用的仪器和设备）。

编后语

《福建省属公益类科研院所发展报告（2019）》是一本全面反映2018年福建省属公益类科研院所发展情况的年度报告。从2009年开始，在福建省科技厅的领导和组织下，福建省农业科学院农业经济与科技信息研究所承当了《福建省属科研院所年度发展报告》的编写工作，分别编制了《福建省属科研院所年度发展报告2010》《福建省属科研院所年度发展报告2011》《福建省属公益类科研院所发展报告（2013）》《福建省属科研院所年度发展报告2016》《福建省属科研院所年度发展报告2017》。该发展报告力求对福建省属公益类科研院所发展状况进行全方位、多视角的适时反映、评价和分析，为政府主管部门及社会各界全面了解福建省属公益类科研院所发展情况、进行决策分析和科技资料应用提供有益参考。

本报告中的数据和材料主要来源于37家福建省属公益类科研院所提供的相关数据和资料并经统计、归纳和整理。在报告编写过程中，得到了福建省科技厅发展规划与政策法规处和37家福建省属公益类科研院所多位专家的指导和帮助，对编撰和完善发展报告提出了宝贵的意见。在此，谨致以诚挚的谢意。因时间和水平限制，报告中难免有疏漏之处，恳请指正。

编著者

2019年12月